彩图版李毓佩数学故事系列

数学智斗记（彩图版）

李毓佩 著

湖北长江出版集团　湖北少年儿童出版社
HUBEI CHILDREN'S PRESS

目录

数学智斗记

智斗活神仙⋯⋯⋯⋯⋯1

知过去、算未来 ⋯⋯⋯⋯⋯⋯⋯⋯⋯⋯⋯⋯ 2
你砸了我的饭碗 ⋯⋯⋯⋯⋯⋯⋯⋯⋯⋯⋯⋯ 6
少年宫里的黑影 ⋯⋯⋯⋯⋯⋯⋯⋯⋯⋯⋯⋯ 9
怪老头 ⋯⋯⋯⋯⋯⋯⋯⋯⋯⋯⋯⋯⋯⋯⋯ 13
乔装打扮 ⋯⋯⋯⋯⋯⋯⋯⋯⋯⋯⋯⋯⋯⋯ 16
法网难逃 ⋯⋯⋯⋯⋯⋯⋯⋯⋯⋯⋯⋯⋯⋯ 20

小诸葛和二休⋯⋯⋯⋯⋯25

小诸葛被劫持了 ⋯⋯⋯⋯⋯⋯⋯⋯⋯⋯⋯ 26
二休不是和尚 ⋯⋯⋯⋯⋯⋯⋯⋯⋯⋯⋯⋯ 32
打　狼 ⋯⋯⋯⋯⋯⋯⋯ 36
智斗麻子连长 ⋯⋯⋯⋯⋯ 41
入敌营巧侦察 ⋯⋯⋯⋯⋯ 47
冲出包围圈 ⋯⋯⋯⋯⋯⋯ 53
发起反攻 ⋯⋯⋯⋯⋯⋯⋯ 58
给麻子连长算命 ⋯⋯⋯⋯⋯ 63

数学智斗记

密林追踪	68
"聪明人饭店"	73
金条银锭藏在哪儿？	78
酒鬼伙计	83
湖心岛上的小屋	88
落入圈套	92
智力擂台	97
打开密码锁	102
巧过迷宫	106
熟鸡生蛋	110
路遇艾克王子	114
会跑的动物标本	118

目录

数学智斗记

攻破三角阵	125
活捉麻子连长	131
跟踪独眼龙	137
悬崖遇险	144
逃离巨手	150
巧使数字枪	157
箭射顽匪	163
过分数桥	169
寻找二休	174
骑驴的王子	179

李毓佩数学故事系列

智斗活神仙

LI
YU
PEI
SHU
XUE
GU
SHI
XI
LIE

知过去、算未来
ZHIGUOQUSUANWEILAI

大街上,一个干干巴巴的老头摆了一个卦摊。卦摊前立了一块牌子,牌子中间横着写着三个大字"活神仙",两边竖着也写有字,左边写着"知过去",右边写着"算未来"。

这位活神仙不断地吆喝:"看相喽!算卦啦!"

几个放学的小学生凑到卦摊前看热闹,其中一个小学生问旁边的同学:"也不知灵不灵?"

活神仙拉住这个小学生,说:"灵不灵咱们当场试!"

小学生问:"怎么试法?"

活神仙反问:"我先问你,你的数学成绩怎么样?"

小学生把头一扬,神气地说:"不错!"

活神仙又问:"你的语文成绩怎么样?"

小学生把头又一扬,骄傲地说:"很好!"

活神仙冷笑了一声,说:"你只要算几个数,我就立刻知道你的数学和语文的成绩。"

小学生把嘴一撇说:"你不用诈唬我!"

活神仙说:"你把你的语文成绩用5乘,再加上6,然后乘以20,再加上你的数学成绩,最后再减去365,你把最后的得数告诉我。"

小学生认真地算了一下,说:"得5203。"

"哈哈……"活神仙一阵狂笑,说:"你可真是个好学生!你语文考了个54分,而数学更惨,只考了个48分,全不及格!"

小学生立刻来了个大红脸,不好意思地说:"我这点底儿,全让你给抖落出来了!"说完掉头就跑。

活神仙非常得意,他冲着大家拍着胸脯说:"我活神仙就是灵,一算一个准!"

周围的观众也纷纷点头称赞:"真厉害!""活神仙!"这时一个胖乎乎的小学生挤了进来,对活神仙说:"你能把刚才你算分数的方法教给我吗?"

活神仙撇着嘴问:"你叫什么名字?"

小学生回答:"我小名叫铁蛋。"

"别说你叫铁蛋,就是金蛋、银蛋来我也不教!"活神仙说,"有钱就让我给你算一卦,想学算卦的本领,门儿都没有!"

由于活神仙算对了小学生的分数,围观的群众纷纷掏钱算卦。一会儿的功夫,活神仙纸盒里的钱就满了。

天快黑了,活神仙收拾卦摊,高兴地说:"嘿,今天赚了不少,回家喝它二两。"

铁蛋躲在远处一直盯着活神仙,心想:"我一定要把你的算法学到手!"

活神仙回到家中,开始炒菜准备喝酒:"外面装了一天假神仙,回家喝口酒赛过活神仙!"

铁蛋隔着窗户偷偷往里瞧:"他一杯接一杯地喝,这哪止二两酒啊!"

喝完了酒,活神仙躺到床上呼呼地睡着了。铁蛋心想:"我进去看看,揭穿他骗人的鬼把戏!"

铁蛋悄悄溜了进去,看见书架上摆着好几本书。走近一看,一本书叫做《骗人大全》,另一本书叫做《鬼话连篇》。

铁蛋摇摇头,心想:"这个活神仙看的都是什么书啊!"

铁蛋看到桌子上摆着一台电脑。铁蛋自言自语地说:"嘀,他还玩电脑?我看看他玩的是什么?"他顺手打开电脑。电脑屏幕上显示出一行字:

"如何计算语文和数学的分数?"

铁蛋高兴地说:"我要找的就是这个!"

铁蛋按动键盘,屏幕上不断显示解算方法:

"设语文分为 x,数学分为 y,则

$$(5x+6)\times 20+y-365$$
$$=5x\times 20+6\times 20+y-365$$
$$=100x+120+y-365$$
$$=100x+y-245$$

你把计算的结果加上 245,剩下的四位数中前两位就是语文的分数,后两位就是数学的分数。"

"哈,我全明白啦!原来你让小学生按照这个公式算,然后把答数告诉你。你只要加上 245,一切都明摆在那里了。"铁蛋关上电脑,溜了出去。

你砸了我的饭碗

铁蛋又来到活神仙的卦摊前。

活神仙冲铁蛋一乐,问道:"你敢不敢让我算算你的语文成绩,算算你的数学成绩?"

铁蛋冲他一笑,说:"你的算法我也会。不信,我当场给你算!"

活神仙双眼一瞪:"嗬!你小子要抢我的饭碗。咱们当场就试,如果你算对了,我给你20元;如果你算错了,你赔我40元!你干不干?"

"干!"铁蛋毫不犹豫。他对观众说:"我和他一言为定,大家作证。"

围观的群众都说:"我们作证!"

活神仙在纸上写好了两个数,然后把纸反扣在桌子上。他对铁蛋说:"我写好了甲、乙两个数,你给我算算它们各是多少?"

铁蛋说:"你把甲数乘以5,加上6,再乘以20,加上乙数,最后减去365。你把算得的结果告诉我。"

活神仙算了一下,说:"得2884。"

铁蛋马上回答:"甲数是31,乙数是29。"

群众叫喊:"把纸翻过来看看!"

活神仙非常不情愿地把纸翻了过来,纸上写着:"甲数31,乙数29。"

"好啊!铁蛋算对了!给铁蛋20元钱!"群众一阵欢呼。

活神仙撅着大嘴,拿出20元递给铁蛋。

一位观众问:"铁蛋能不能告诉我们,你是怎么算的?"

"可以。"铁蛋对大家说,"这里又加、又减、又乘都是迷惑人的鬼把戏。他的真实目的是要把甲数变到千位和百位上去,把乙数变到十位和个位上来。就拿刚才这个数来说,最后想得到的是3129。"

观众问:"可是刚才活神仙回答的不是3129,而是2884啊!"

"对!"铁蛋解释说,

"如果让他直接说出 3129，别人不就看出来了吗？你只要把他的答数加上 245，立刻就得到 3129。"

这次观众都听明白了。一个观众说："嗨，原来活神仙玩的都是骗人的把戏！"

另一个观众说："咱们再也不上活神仙的当了！"大家纷纷离去。

活神仙咬牙切齿地叫喊："好个小铁蛋！你砸了我的饭碗，我和你没完！"

铁蛋摇摇头说："挺大的人，干点什么不好？为什么要骗人？拜拜！"说完扬长而去。

少年宫里的黑影
SHAONIANGONGLIDEHEIYING

今天是星期六,铁蛋一早起来就去找小明。

铁蛋说:"咱们快去少年宫参加活动。"

"走!"小明拿起书包,跑了出去。

来到少年宫的门口,看见一群同学围着看门的老爷爷正说什么,两人挤了进去。

老爷爷说:"昨天夜里,我看见一条黑影在电脑教室前一闪就不见了。"

一个同学说:"那肯定是贼!"

这时少年宫的王老师拿着一张纸条,急匆匆地走来。王老师说:"昨天夜里丢了一台电脑,窃贼还留下一封信。"

只见信上写道：

"尊敬的少年宫领导：

我借贵少年宫的一台电脑一用。过3天,让铁蛋一个人到我家去取。我家地址是背阴胡同,门牌是一个三位数。中间的数字是0,其余两个数字之和是9。如果百位数字加3,个位数字减3,那么这个数就等于把原数中的百位数字和个位数字对调后所得的数。

知名不具"

王老师问："铁蛋,你认识这个人吗?"

铁蛋说："我现在还不知道他是谁,但是,3天之后我一定去找他!"

小明在一旁说："你要找这个贼,先要算出他的门牌号。"

"我现在就算。"铁蛋说,"我设门牌号的个位数字为 x,则百位数字就是 $9-x$,门牌号是

$$100 \times (9-x) + 10 \times 0 + x。"$$

铁蛋边写边算："百位数字加3,个位数字减3,等于原数百位数字和个位数字对调。可以列出方程

$$100 \times (9-x+3) + 10 \times 0 + (x-3) = 100 \times x + 10 \times 0 + (9-x)$$

解得 $x=6$,$9-x=3$。"

小明说："这个贼住在背阴胡同306号。怎么办?"

铁蛋想了一下,说："这个贼既然认识我,咱俩不如轮流在306号门口看守,看看这个贼究竟是谁?"

"就这样办!"小明表示同意。

小明在背阴胡同306号门口蹲守,这时来了一个蒙着围巾的老太太。

老太太问:"小朋友,你在这儿等谁呀?"

小明很有礼貌地回答:"我在等一个熟人。"

"在外边多冷,快到我家来等吧!"说着老太太硬是把小明拉进了家里。

刚一进屋,一只大老鼠从小明的脚底下"吱"的一声蹿了过去。

"我的妈呀!"吓得小明跳了起来。

"嘻嘻。"老太太笑着说,"我这间屋子里别的没有,老鼠倒是有几十只。"

小明听了倒吸了一口凉气:"啊!有那么多老鼠?我最怕老鼠,老奶奶让我走吧!"

"慢着!给我算一道题再走。"老太太指着墙说,"隔壁是一个食品仓库,我训练一大一小两只老鼠在墙上给我打洞。"

老太太停了一下,说:"这堵墙厚0.5米,大小两只老鼠从墙的两面对着挖。第一天各挖进0.1米,从第二天起,大鼠的进度是前一天的两倍,小鼠却是前一天的一半。你给我算算,它俩几天才能挖通?"

小明问:"你让老鼠打洞干什么?"

老太太用手指点了一下小明的前额,说:"傻孩子,墙上打一个洞,我想吃什么,就可以从仓库里拿什么!"

小明吃惊地说:"你是想偷仓库里的东西!"

"嘘……"老太太紧张地说,"别大声嚷嚷!"

小明十分肯定地说:"这种题我不给你算!"

"嘿嘿。"老太太冷笑了两声说,"我估计你也算不出来!如果是铁……好了,不会算你就走吧!"

怪老头
GUAILAOTOU

小明把见到老太太的情况向铁蛋说了一遍。最后,小明说:"看来这个老太太认识你!"

铁蛋想了一下,说:"咱们先把老鼠打洞所需要的天数算出来。我想,老鼠不把洞打穿,这个怪老太太是不会走的。"

"对!"小明说,"大鼠每天挖进的米数依次为 0.1, $0.1×2$, $0.1×4$, $0.1×8$ ……;而小鼠每天挖进米数依次为 0.1, $0.1×\frac{1}{2}$, $0.1×\frac{1}{4}$, $0.1×\frac{1}{8}$ ……"

铁蛋继续往下算:"头两天共挖 $(0.1+0.1)+0.1×(2+\frac{1}{2})=0.45$ 米,还剩下 $0.5-0.45=0.05$ 米。这 0.05 米用第三天的速度来挖,所需要的时间是 $0.05÷[(4+\frac{1}{4})×0.1]=\frac{1}{2}÷\frac{17}{4}=\frac{2}{17}$ 天,合在一起共需要 $2\frac{2}{17}$ 天。"

铁蛋说:"走,我和你一起去会会这个怪老太太!"

"好!"小明和铁蛋很快就来到了老太太的家。

小明敲门:"老奶奶,开门!"

开门的不是什么老奶奶,而是一个干瘦干瘦的老头。瘦老头说:"你们找老奶奶?这里从来就没有什么老奶奶,只有我一个老头。"

小明摸着自己的脑袋:"这就奇怪了?我明明在这儿见到一位老奶奶呀!"

铁蛋问:"您认识活神仙吗?"

"活神仙?"瘦老头摇摇头说,"还赛诸葛呢!不认识。"

铁蛋又问:"您认识一个偷电脑的小偷吗?"

"我哪里认识小偷!"说完瘦老头"砰"地一声把门关上了。

小明瞪大眼睛说:"看来这家里的人是属孙悟空的,会变!"

"明天咱们再来,看他还会变成什么样?"铁蛋和小明就回家了。

第二天,铁蛋和小明又来敲门。这次开门的却是一个挺着大肚皮的外国胖老头。

胖老头问:"哈罗!你们找谁?"

小明吃惊地问:"怎么?今天又变成了外国人!"

铁蛋拿出小偷留下的信,说:"我们是按照你约定的时间和地点,来取被你偷走的电脑。"

"你们诬蔑好人,我要起诉你们!"胖老头气焰十分嚣张。

"咱们还不一定谁起诉谁呢!"铁蛋直奔屋里走去。

铁蛋指着大立柜上面的方盒子问:"这个盒子里装的是不是电脑?"

胖老头说:"那是一个空盒子。"

铁蛋说:"请拿下来,我们看看。"

胖老头拍拍自己的大肚皮说:"我这么大的肚子,爬不上去呀!"

"我给你放放气!"铁蛋拿起一把锥子,照他的大肚皮扎去。只听"噗"的一声,胖老头的肚皮就瘪了,原来他肚子上放了一个大气球。

"完了,露馅了,快跑!"胖老头撒腿就跑。

"活神仙,你往哪里跑!"铁蛋和小明追了出去。

乔装打扮
QIAOZHUANGDABAN

铁蛋和小明追出大门,看见活神仙正沿着大街往前跑。

小明往前一指说:"你看,活神仙钻进一家服装店了。"

"进去看看!"铁蛋和小明跟了进去。两人转了一圈儿,没有发现活神仙。

小明说:"怪了?怎么一转眼就不见了!"

服装店里有好多塑料做的服装模特。一位女售货员迎了上来问:"二位同学想买什么衣服?"

铁蛋说:"我们不买衣服,我们是在追一个人。"

女售货员说:"这里除了这些穿着衣服的塑料模特以外,连一个顾客也没有啊!"

小明说:"我们明明看见他跑了进来!"

铁蛋问:"阿姨,你们这里的模特有多少个?"

女售货员想了想说:"嗯……我也记不大清楚了。只记得上个月,我曾经想把其中的 15 个女模特换成男模特,

我一数,如果换了之后男女模特数相等了,结果我也没换。前天我又想把其中的 10 个男模特换成女模特,这样一换,女模特是男模特的 3 倍,结果我又没换。"

小明说:"看来需要把男女模特数先算出来。"

"说得对!"铁蛋说,"首先可以肯定,女模特比男模特多 30 个。"

小明点点头说:"对!不然的话,怎么会把 15 个女模特换成男模特之后,男女模特数会相等哪!"

铁蛋又说:"女模特比男模特多出 30 个,如果再把其中 10 个男模特换成女模特,女模特就比男模特多出 50 个了。这时,50 个恰好是剩下男模特数的 2 倍,这样就知道剩下的男模特数是 25 个。"

小明接着说:"这样一来,男模特为 25 + 10 = 35 个,女模特为 35 + 30 = 65 个。"

铁蛋说:"咱俩数数男女模特数对不对。我数男模特,

1、2、3……35，对！一个不多，一个不少。"

小明数女模特："1、2、3……65，唉，怎么多出一个女模特？"

铁蛋十分警惕地说："这里面肯定有鬼！咱俩把女模特逐个检查一下。"

"好！"小明和铁蛋开始检查。突然，他俩发现一个女模特在不断地抖动。

小明一指那个女模特说："你看，那个女模特活了！"

"快去抓住他！"铁蛋和小明朝那个女模特扑去。女模特显然是活神仙假扮的，他看见铁蛋跑了过来，立刻撒腿就跑，一边跑，一边叫道："哎呀，不好啦！让铁蛋识破了，快跑！"

活神仙转了两个弯儿，跑进了动物园。铁蛋擦了一把头上的汗，说："咱俩要一追到底！"两人追进动物园，发现活神仙又没了。动物园这么大，到哪里去找？

小明找到工作人员："叔叔，您看见一个穿花衣服的老头跑进来了吗？"

"看见了，他还让我把这张纸条交给你们。"说着工作人员把手里的一张纸条交给了小明。纸条上写着：

"铁蛋：

我藏在某个关动物的笼子里，将这个笼子号乘以5，减去乘积的$\frac{1}{3}$，差数再除以10，然后依次加上这个笼子号的$\frac{1}{2}$、$\frac{1}{3}$和$\frac{1}{4}$，最后得68。有胆量的来找我！"

小明说:"成!活神仙还成心和咱们斗气!"

"咱们算算这个笼子的号码,可以用方程来解决。"铁蛋边说边写,"设笼子号为 x,根据纸条上所写,可列方程

$$(5x - \frac{5x}{3}) \div 10 + \frac{x}{2} + \frac{x}{3} + \frac{x}{4} = 68$$

化简,得 $\frac{17}{12}x = 68$, $x = 48$。"

小明说:"哈,活神仙藏在 48 号笼子里。"

"什么?在 48 号笼子里!吓死人啦!"工作人员听说在 48 号笼子,立刻脸色陡变,撒腿就跑。

小明摇摇头说:"这个人的胆子真小!"两人找到了 48 号笼子,往笼子里一看,啊!笼子里关着一头猛虎。

小明吃惊地说:"是一头大老虎!"

铁蛋说:"我看活神仙不可能藏在关老虎的笼子里。"

这时,老虎突然发怒,两眼瞪着笼子顶大吼,并且想扑上去。铁蛋和小明往笼子顶上一看,发现活神仙穿着花衣服在笼子上面又蹦又跳,一边跳一边喊:"救命啊!老虎要吃我啦!"

突然,活神仙从笼子上面跳了下来,一转眼,消失在人群当中。

法网难逃

活神仙跑了之后,小明垂头丧气地坐在地上:"最后还是让活神仙跑了!唉!"

铁蛋紧握双拳:"我就不信抓不到这个窃贼!"

这时,少年宫的王老师带着警察来了。王老师介绍说:"警察同志,这两位同学一直在追踪那个盗窃犯。"

铁蛋高兴地说:"警察叔叔来了就好了!"

警察问:"你们俩看清犯罪嫌疑人是谁了吗?"

"看清楚了,他就是那个总骗人的活神仙!"铁蛋和小明异口同声地回答。

警察点点头说:"好!你们俩继续密切注意活神仙,发现他的踪迹,立即告诉我!"

铁蛋和小明向警察敬了个举手礼,大声回答:"是!"

一天,放学后铁蛋和同学一起回家,路上听到有人在叫喊:"买邮票,换邮票啦!"铁蛋循声望去,发现卖邮票的不是别人,正是活神仙。

铁蛋对身边的小虎说:"这个卖邮票的人是犯罪嫌疑

人,你去想办法把他稳住,我去打电话报告警察。"

小虎走上前,说:"你有多少邮票?我叔叔最喜欢集邮了。"

活神仙上下打量了一下小虎,半信半疑地说:"我这儿有3大本邮票。全部邮票中,有$\frac{1}{5}$

在第一本上,有$\frac{n}{7}$在第二本上,在第三本上有303张邮票。你说我有多少邮票?"

一个过路人说:"这个卖邮票的,在这儿吹了半天牛了。你给他算算,他究竟有多少邮票?""行!"小虎开始计算,"我用方程来算:设他有 m 张,第一本里有$\frac{m}{5}$张,第二本里有$\frac{mn}{7}$张,第三本里有303张邮票。可以列一个方程

$$\frac{m}{5} + \frac{mn}{7} + 303 = m$$

坏了!这一个方程里有两个未知数,可怎么办?"

小虎眼珠一转,对这个过路人说:"你看住这个卖邮票的,别让他走了。我去趟厕所。"说完转身去找铁蛋。

小虎对铁蛋说:"这一个方程中有两个未知数,我不会解!"

铁蛋拿着题目仔细琢磨,他说:"在解方程时,不妨先把 n 当作已知数,只把 m 看做未知数,这样就有

$$\frac{m}{5} + \frac{mn}{7} + 303 = m$$

$$m\left(1 - \frac{1}{5} - \frac{n}{7}\right) = 303$$

$$m = \frac{303 \times 35}{28 - 5n}"$$

小虎皱着眉头说:"这么解里面还是含有 n 呀!"

"你别着急,我还没有解完哪!"铁蛋说,"由于 m 代表的是邮票的张数,m 必然是正整数。我们看一下,n 取什么数时,才能保证 m 一定是正整数。"

小明说:"我说可以先把分子分解了 $303 \times 35 = 3 \times 101 \times 5 \times 7$,然后看 n 取什么值时,$28 - 5n$ 是分子的一个因数。"

"说得对!"铁蛋说,"当 $n = 5$ 时,$28 - 5n = 28 - 5 \times 5 = 3$,恰好是分子的一个因数。这时 $m = \frac{303 \times 35}{28 - 5 \times 5} = \frac{10605}{3} = 3535$ 张。活神仙有 3535 张邮票,嘿,还真不少!"

铁蛋带着警察找到了活神仙。警察出示搜查证,说:"有人指证你偷了少年宫的一台电脑,我们要到你家去搜查!"

活神仙脸色很难看,领着警察回了家。警察从活神仙

家里搜出了两台电脑。

警察问:"你怎么有两台电脑?"

活神仙强装笑脸,说:"一台现用,一台备用。"

警察说:"你把两台都打开!"

"这个容易。"活神仙打开一台电脑说,"这台电脑会算命。您要不要算命?一算一个准!"

警察严肃地说:"不许骗人!打开另一台电脑!"

由于活神仙不知道这台电脑的密码,折腾了半天也打不开。活神仙说:"其实,算命用那台电脑就足够了,何必非要打开这台电脑?"

铁蛋提醒:"这台电脑是装了密码锁的,不知道密码休想打开!"

"噢,我想起来了!密码是666。六六大顺呀!"活神仙立刻输入666,但是还是打不开。

活神仙眼珠一转,又说:"噢,我想起来了!应该是888。888是发发发呀!发大财呀!"他很快输入888,但是还是打不开电脑。

警察说:"你根本就打不开这台电脑,因为这台电脑压根就不是你的!"

活神仙还死不认账,他挺着脖子叫道:"不是我的,会是谁的?"

警察对铁蛋说:"还是你把密码告诉他吧!"

铁蛋说:"我们电脑组的同学都知道这台电脑密码。密码是3个质数乘积的最大值,而这3个质数的和恰好等于800。"

活神仙摸着脑袋想了半天,他喃喃地说:"我今天这是怎么啦?连这么简单的问题都解不出来!"

警察一针见血地指出:"那是因为你做贼心虚!"

"还是我来帮助你解吧!"铁蛋说,"3个质数之和是偶数,说明它们当中必然有质数2。这样另外两个质数之和就是798,而要使两个正数的乘积最大,这两个数必须接近相等才行,因此一个质数是397,另一个质数是401。"

小明接着说:"$2 \times 397 \times 401 = 318394$,这才是这台电脑的密码!"铁蛋输入318394后,电脑被打开了。

铁蛋拿出花衣服,问:"这是不是你穿过的花衣服?"

"这……"活神仙有点傻眼。

警察又拿出活神仙留下的纸条,说:"经过技术鉴定,证明这些纸条都是你写的。"

活神仙慢慢地低下了头。警察宣布:"由于活神仙是偷盗电脑的嫌疑人,被拘留了!"一副手铐戴在了活神仙的手腕上。

李毓佩数学故事系列

小诸葛和二付

LI
YU
PEI
SHU
XUE
GU
SHI
XI
LIE

小诸葛被劫持了

小毅被公认是当地最聪明的孩子。他数学成绩特别好,获得过全校数学比赛第一名、全市数学比赛第一名、全省数学比赛第一名。他还特别爱动脑筋,有主意,有些大人解决不了的问题,都来请他帮忙。时间一长,人们送他外号"小诸葛"。有时叫外号比叫大名更容易上口,渐渐地大家都叫他"小诸葛",真实姓名几乎被人们忘记了。

小诸葛长得细高个儿,留着一个学生头,两只眼睛又大又亮,显得格外有神。虽然人人都称他为天才,但是他总觉得自己和其他同学一样,一点天才的架子也没有。

小诸葛也有许多苦恼的事,比如,每天都有许多记者来采访,问这问那,又签名又录像,把读书的时间都给挤没了。白天

没时间学习，只好晚上复习功课了。

现在是晚上十点半，小诸葛把明天要学的功课预习了一遍，正准备睡觉。忽听"砰、砰"有人敲门。

"谁呀？"小诸葛随口问了一声，心想这么晚了谁还会来找我？

"我是记者，是专程从外地来采访你的，请你开开门。"门外传来了一个十分粗哑的声音。

小诸葛刚刚把门打开，还没有看清楚叫门人长得什么样子，就被一只大口袋从头套到了脚，尽管他在口袋里拼命挣扎，还是被人家扛上了汽车飞驰而去。

"绑票？"小诸葛最先想到的是被土匪绑票。他知道如果被绑票只有两种结果：一种是家里人要拿一大笔钱把他从土匪手中赎出来，叫"赎票"；另一种是家里人到了指定期限拿不出那么多钱去赎，土匪就把被绑走的人杀了，叫"撕票"。想到这里小诸葛不禁打了一个冷战。可是他又一想，绑票专绑有钱人家，我家生活一般，在当地绝对算不上有钱人家，土匪绑我干什么？

小诸葛在大口袋里一个劲地琢磨着。汽车走了大约有一个多小时才停下，他被人从车上扛了下来，又扛着他走了一大段路，被轻轻地放到了地上。

口袋被打开了，明亮的灯光照得小诸葛睁不开眼睛。他揉了揉眼睛，看清楚周围有几个彪形大汉，全都穿着黑

色上衣、黑色裤子。这几个人满脸横肉,看上去像是几个打手。屋子很大,吊灯、地毯、雕花硬木家具,桌子上摆着许多古玩、玉器,布置得十分豪华。一张大写字台后面坐着一个又矮又瘦的干巴老头,头戴皇冠,身着龙袍,面带奸笑,不住地冲小诸葛点头。

小诸葛站起身活动了一下双腿,生气地问:"这是什么地方?把我抓来干什么?是不是绑票?"

"嘿嘿,绑票?也可以这么说,不过我们不是为了金钱,是为了你的智力,也可以叫智力绑架吧!哈哈……"瘦老头干笑了两声,从沙发上站了起来说,"你问这里是什么地方?我来告诉你,这里是世界上独一无二的智人国,也就是由最聪明的人组成的国家。我是智人国的智叟国王,明白了吧?"

小诸葛问:"你们智人国绑架我干什么?"

智叟国王摇摇头说:"不要说绑架嘛,我是特意把你请来的,你是我们的小客人。你,人称小诸葛,很聪明,当然要到我们智人国来喽。我有一个伟大的计划,要把全世界的聪明人,特别是才智出众的青少年,都弄到我的智人国来,让智人国名副其实!"

小诸葛说:"我不愿意留在这儿,放我回去!"

"回去?笑话!好不容易把你这个鼎鼎大名的小诸葛请来,怎么能让你回去呢!"智叟国王招了招手说,"小诸

数学智斗记

葛一路辛苦,送他去休息,要好好招待!"

"是!"两名黑衣大汉答应一声,把小诸葛押送到一间屋子里,从外面把门锁上。屋子里空荡荡的,什么家具也没有,他一回头看见墙上挂着几幅画,每幅画的下面都有一个十分显眼的红色电钮。

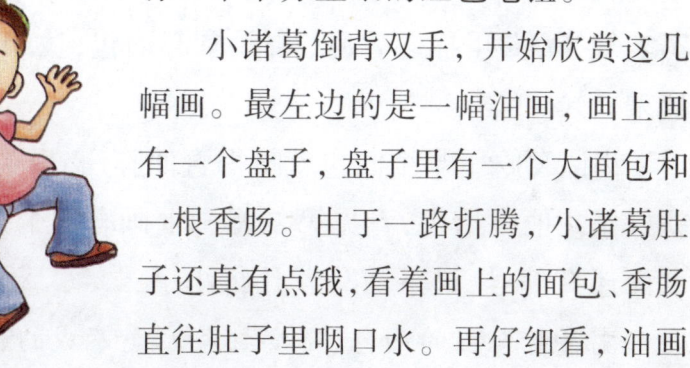

小诸葛倒背双手,开始欣赏这几幅画。最左边的是一幅油画,画上画有一个盘子,盘子里有一个大面包和一根香肠。由于一路折腾,小诸葛肚子还真有点饿,看着画上的面包、香肠直往肚子里咽口水。再仔细看,油画的右下角有一行小字,写着:

要吃面包、香肠,请按 x 下电钮。

7	11
6	3

9	40
7	x

小诸葛心里想:"按 x 下电钮。x 下是多少呢?看来要从下面的两个长方形框中找答案了。"

小诸葛仔细观察下面的两个长方形框,发现第一个长方形框里的四个数有如下规律:

$$(7 + 11) \div 6 = 3$$

小诸葛按照这种运算规律,算了一下第二个长方形框里的数:

$$(9+40)\div 7 = x$$
$$x = 49\div 7$$
$$x = 7$$

小诸葛按了7下电钮,画往上慢慢提起,墙上露出一个洞,洞里有一个盘子,里面有面包和香肠。小诸葛也就不客气了,左手抓起香肠,右手拿起面包,大口大口地吃起来。

小诸葛吃了半个面包就噎得直伸脖,心想要有杯水喝就好了。他一抬头,看见第二幅画上画有四个茶杯,茶杯下面还有编号,最下面写着几行小字:

吃了智人国的面包,不喝杯茶水是不成的,那会把你噎死!画上的四个茶杯中,有三杯茶水有毒,只有一杯茶水喝了没事。这杯无毒茶,从上往下看的样子已经画了出来。请按照茶杯下的编号按电钮吧。

小诸葛被面包噎得快喘不上气来了,必须立即找出那杯无毒的茶水。他冷静地一想,从上往下看,中间那个圆一定表示的是茶杯底儿。茶杯底比较小,应该是2号杯子。小诸葛按了两下红色电钮,画又往上一提,后面出现四个茶杯。他端起与众不同的2号茶杯,一饮而尽。吃饱喝足后,小诸葛来了精神,继续欣赏挂在墙上的画。

第三幅画吸引了小诸葛,画上画了一个身穿袈裟的小和尚,光秃秃的头,两眼微闭,双手合十,坐在一个圆垫子上念经。小诸葛心里想,这不是日本有名的小和尚一休吗?智人国为什么挂一休的画像?

小诸葛正纳闷,忽然听到有叹息声。小诸葛觉得十分奇怪,屋子里明明就我一个人,哪儿来的叹息声?他屏住呼吸仔细听,发现叹息声是一休的画后面传出来的。

"画后面有人!"他迅速把画掀起来,画后面仍旧是墙,不过墙上写着两行字,墙洞里有一个球。

回答:不许往墙上扔,不许往地上扔,也不许在球上捆绳子。怎样让球扔出去又自动回来?

"真有意思。"小诸葛笑着说,"这可难不倒我小诸葛。"

小诸葛把球拿到手里,垂直往空中扔,地球的引力把球吸引回来,刚好落到他手里。小诸葛刚刚接到球,画就自动提上去了,画后面出现了一个小门。小诸葛小心地推开了小门,探头往里面一看,里面也是一间同样大小的屋子,屋子中间有一个圆垫,上面坐着一个小和尚,他不是别人,正是一休!

二休不是和尚

小诸葛小声对小和尚说:"喂,一休,你怎么也被抓来啦?"

小和尚听到小诸葛的问话吓了一跳,他赶紧站起来,毕恭毕敬地向小诸葛鞠了一躬,用日语说:"您好!"

果然是日本人。小诸葛掏出纸和笔,和这位日本小和尚笔谈。

小诸葛写道:"你是一休和尚吗?"

小和尚写道:"我不是一休,也不是和尚,我叫小笠原。由于我学习成绩好,脑袋比较灵,大家又说我长得像一休和尚,就给我起了一个外号叫'二休'。"

小诸葛又写道:"对不起,你叫二休。可是你为什么穿起袈裟,装成一休的模样呢?"

二休写道:"昨天我被智叟国王劫持到这儿,他们非叫我打扮成一休的模样。认识你,我很高兴,以后请多关照。请问,你叫什么名字?"

"我叫小毅,大家都叫我小诸葛,是中国人。患难之

中,应该互相帮助。请到我这间屋子来,好吗?"

"谢谢你的邀请,我就过去。"写完,二休就从小门往这边爬,小诸葛伸出双手去拉。二

休刚刚钻过上半身,只听上面"哗"的一声响,画从上面落了下来,小门突然变小,正好把二休卡在门中间。

原来小门是活动的,可大可小。二休被卡在小门中,进不来也出不去。由于小门卡得太紧,把二休憋得满脸通红。小诸葛想用双手把小门拉大,可是哪里拉得动?

小诸葛正急得没法儿,随着"哈哈"两声干笑,智叟国王已经站到了门口。他笑眯眯地说:"中日两国的聪明少年受苦了。"

小诸葛愤怒地喊道:"你快把小门放大点,不然的话,二休会被压死的。"

智叟国王慢吞吞地说:"要想救出二休不难,听我下面一首诗:

一队和尚一队狗,两队并作一队走。"

二休挣扎着在纸上写道:"把受日本人民尊重的和尚与狗相提并论,太不像话了!"

小诸葛对智叟国王说:"你把人和狗相提并论,太不尊重人格了。"

智叟国王改口说:

"好多和尚往前走,突然遇到一群狗。

数腿共有四百六,数头只有一百九。

想把二休救出来,答出多少和尚多少狗?"

智叟国王用手摸了摸下巴说:"这个问题你俩谁来回答呀?"

救人要紧!小诸葛抢先对智叟说:"我来解。假设有 x 条狗,则和尚数为 $190-x$。狗有4条腿,人有两条腿,因此可以列出方程:

$$4x + 2(190 - x) = 460$$

解方程: $4x + 380 - 2x = 460$

$$2x = 80$$

$$x = 40$$

$$190 - 40 = 150$$

解出来了,共有和尚150人,狗40只。"

智叟国王掉头对二休说:"小诸葛用方程解出来了。你还必须用算术方法,再给我解算一遍,我才考虑放你。"

二休虽然被卡得十分难受,还是在纸上写出了两个算式:

$(460 - 190 \times 2) \div 2 = 40$

$190 - 40 = 150$

和尚150人,狗有40只。

智叟国王故意刁难说:"答数是对的,可惜我看不懂这个数学式子。"

小诸葛赶忙解释说:"先把狗的两条前腿与和尚的腿合在一起,共有190×2条。这时460与190×2的差就是狗的后腿数。每条狗有两条后腿,把这个差数用2去除,就得到有多少条狗了。"

智叟国王一听都答对了,只好按动墙上的电钮,把小门放大。小诸葛帮助二休从小门中爬了过来。

小诸葛逼问智叟国王:"你把我们两人各关在一间小屋子里,打的什么主意?"

智叟国王笑着说:"把中、日两国的聪明少年请来,自然是大有用场,请不要着急。我听说聪明的一休会打狼,我想二休也一定会。闲来无事,请二位到狼窝里去打狼玩吧。请!"

打狼

智叟国王把小诸葛和二休带到三扇圆形门前,门都关着。

智叟国王说:"这三个圆门中,有一个门里有枪,有一个门里有狼,每个门上各写着一句话,但是这三句话中只有一句是真话。请你们二位开门打狼吧!不过,要提醒你们一句,这只狼可是有好多天没吃东西了,假如你们先打开了有狼的门,对不起,你俩中有一个人就得当饿狼的午餐啦!哈哈……"

两个人看见1号门上写着"枪不在2号门",2号门上写着"这个门里没枪",3号门上写着"枪在2号门"。

二休用手拍了一下脑门儿,直奔2号门,拉开门从里面拿出一支猎枪。他"哗啦"一声推上了子弹,又拉开1号门,里面什么也没有。二休迅速打开3号门,躲在门后,一只恶狼嚎叫着从门里蹿了出来,二休急忙扣动扳机,打得还挺准,一枪将狼打倒在地。

"好枪法!果然名不虚传。"智叟拍了两下手说,"二休,2号门上明明写着没有枪,你为什么偏偏先开2号门呢?"

一名日语翻译把智叟的话讲给二休听。二休擦了一

下头上的汗说:"1号门上写着'枪不在2号门',3号门上写着'枪在2号门'这两句话中必有一句是真话,另一句是假的。你又说这三句话中只有一句是真话,可以肯定2号门上写的'这个门里没枪'一定是假话,因此,枪一定在2号门里。"

"嗯,说得还在理。"智叟回头对小诸葛说,"下一个难题该你解决了。"

智叟国王领着小诸葛和二休到了一座大房子前面,大门上画着房子内部的示意图。

智叟国王指着示意图说:"这里面共有15间房子。我把一支猎枪拆成了13部分,分别放在1号到13号房间内,子弹在14号房间,一只恶狼关在第15号房间。"

小诸葛和二休认真地听智叟国王的讲话。

智叟国王用手一指小诸葛说:"你从入口处进去,至于先进1号房间还是先进4号房间随你的便,反正每个房间都有好几个门。不过有一条你必须记住,每个房间你只能进一次。"

"麻子连长!"智叟国王叫了一声。

"到!国王有什么吩咐?"从后面站出一个又矮又胖

的军官,满脸大麻子不算,还长有一个红红的酒糟鼻子。

智叟国王介绍说:"这是我们智人国鼎鼎有名的麻子连长,他勇敢善战,足智多谋。我让麻子连长跟着你小诸葛,他可不是保护你,而是当你走出一间房子,麻子连长就把这间房子的门锁上,以防你再一次进去。你走遍1~14号房间,把猎枪的13个部分都凑齐了,子弹也找到了,就可以把猎枪组装好。不会装没关系,麻子连长会教你如何组装。"

"对!什么枪我都会拆、会装!"麻子连长神气地挺了挺大肚子。

智叟国王说:"装好猎枪,再装上子弹,你就可以拉开15号房间的门,打死里面的狼。如果你少进一个房间,就缺少一个部件,猎枪就装不上,到时候麻子连长照样会把你推进15号房间。你只好赤手空拳和狼斗一场了,谁胜谁负,靠你自己。当然,走法不止一种,你只要走对一条路就成。"

麻子连长用手推了一下小诸葛,恶狠狠地说:"快走!"

小诸葛蹲在地上假装结鞋带,心里暗想:"我应该按什么路线走呢?先横着走?从1走经过2到3,到了7,再从7走经过6、5到4,再从8经9、10到11。不成!这样走法,12到14号房间走不到了。"

小诸葛站起来,瞪了麻子连长一眼,直奔1号房间。麻子连长刚跟着走进去,小诸葛又从原门走了出来,手里拿着一个枪托。

智叟国王冷笑着问:"怎么又出来了?害怕了?"

小诸葛没理会智叟国王,回头对麻子连长说:"提醒你一下,可别忘了锁门!"麻子连长说:"你不说,我还真忘了。"赶紧把1号房间的三个门都锁上。

小诸葛又走进4号房间,接下去是按顺序走5、6、2、3、7、11、10、9、8、12、13、14房间。

小诸葛每走进一个房间,飞快地拿起一个猎枪零件,边走边装,而且越走越快。这里有的房间有两个门,有的房间有三个门,有的还有四个门,锁这些门可把麻子连长给忙坏了,不一会儿就把他拉到了后面。

麻子连长在后面喊:"你慢点,等一等我。"

忽然前面传来"砰"的一声响,麻子连长跑到15号房间一看,狼不见了。突然,什么东西搭在他的肩上,张着

血盆大口向他咬来。

"我的妈呀!"麻子连长两腿一软,眼前直冒金星,晕倒在地上。

"哈哈,勇敢善战、足智多谋的麻子连长,被一只死狼吓晕了。"小诸葛从麻子连长腰上摘下房门的钥匙,拖着打死的狼回去了。

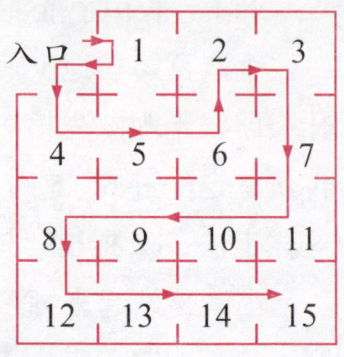

智叟国王看见小诸葛拖着死狼走了过来,忙问:"麻子连长呢?"

小诸葛说:"躺在狼房里睡着了。"

"这……"智叟国王脸色陡变。

智斗麻子连长
ZHIDOUMAZILIANZHANG

智叟国王叫士兵把吓晕的麻子连长抬了出来。又用凉水喷头,又掐"人中穴",折腾了好一阵子,才把麻子连长救了过来。

"让一只死狼吓成这样,真没出息!"智叟国王自觉脸上无光。不过他眼珠一转,又想出一个鬼主意。

智叟国王对麻子连长说:"听说你缺少一名机灵能干的传令兵,小诸葛聪明能干,给你当个传令兵吧!"

麻子连长一听让小诸葛给自己当传令兵,这是一个非常好的机会,就爽快地答应了。

小诸葛到了麻子连长的连队,发现士兵都非常憎恨这个麻子连长。麻子连长爱财如命,他不但克扣士兵的饷钱,

还变着法不叫士兵吃饱,自己好从伙食费中再捞一笔钱。

有一次,麻子连长对老炊事员说:"怎么搞的?你做饭太费白面啦!从今天起,我每月只发给你定量的白面。做主食时,里面放玉米面,外面裹一层白面,这样外表看着好看。如果白面用没了,就让士兵挨饿,不过,大兵们可饶不了你这个老头!"

老炊事员可犯了愁:过去每顿饭,只发给士兵一个白面和玉米面混合做成的大饼,大家都嚷嚷吃不饱。现在只给这么一点点白面,还要做到外白内黄,这可怎么办?

小诸葛看到老炊事员一阵阵发愁,问道:"爷爷,什么事愁得您垂头丧气的?"

老炊事员就把麻子连长出的坏主意说了一遍。

小诸葛笑着说:"这件事好办。麻子连长不是没有限制玉米面用多少么?您今后不要做大饼吃了,改做玉米面圆馒头,外面再裹上一层白面。馒头做得越圆越好,外面裹的白面越薄越好,以后我帮您做吧。"

从此,每顿饭每个士兵都可以领到一个外白里黄的大圆馒头。士兵们都说圆馒头的量可比大饼足多了,比过去吃得饱。

一个月下来,白面一点没多用,士兵们个个都胖了,可是玉米面却多吃了不少。麻子连长一算账,大吃一惊。白面倒是省了些,但是玉米面却多用了上千斤,伙食费不

但没有省下，反而多花了不少钱。

麻子连长气势汹汹地找到老炊事员，大喊大叫："你怎么搞的？多用了这么多玉米面！"

老炊事员双手一摊说："你只让我少用白面，并没有限制用多少玉米面呀！"麻子连长无言对答，只好自认倒霉。

士兵们知道做圆馒头的主意是小诸葛出的，就纷纷来找小诸葛，叫小诸葛讲讲做圆馒头的道理。

小诸葛说："我先来考你们一个问题。用一块铁皮，做成一个带盖的容器，你们说做成什么形状装水最多？"士兵们有的说方形的，有的说圆筒形，七嘴八舌，众说不一。

小诸葛摇了摇头说："都不对，数学书上说应该是圆球形的。麻子连长不让多用白面，外面还要裹一层白面。如果做圆馒头，白面的数量不增加，包在里面的玉米面可不少啊！"士兵们听了哈哈大笑，称赞小诸葛的数学没白学。

没有不透风的墙。小诸葛出主意做圆馒头的事,传到了麻子连长的耳朵里。麻子连长气得咬牙切齿,发誓要惩治一下小诸葛。

一天中午,小诸葛正帮炊事员做午饭。麻子连长提着一个空酒瓶子来了,他对小诸葛说:"喂!传令兵,给我买点酒去。"

"买多少?"小诸葛真不想给他买。

麻子连长龇牙一笑说:"听说你数学很好,今天就叫你算算我要买多少两酒。我要买的酒的重量等于它本身重量的五分之二与一斤的五分之二的五分之二的和。去买吧!多一两少一两我都不饶你!"说完恶狠狠地掉头就走。士兵们都替小诸葛捏一把汗。小诸葛满不在乎,拿着酒瓶子就走。

没过一会儿,就听小诸葛直着嗓子喊:"连长,连长,酒买回来了啦!"麻子连长一听酒买回来了,心里一愣,小诸葛算得这么快,别是蒙我吧。

麻子连长铁着脸问:"你给我打了几斤酒啊?"

小诸葛笑嘻嘻的说:"连长哪有那么大的酒量?你只叫我买二两酒嘛。"

"什么?二两酒。"麻子连长发火了,他说,"是不是你半路上偷着喝了?"

小诸葛点点头说:"是的,我确实喝了一大口。"

麻子连长一跺脚说:"你好大胆!敢偷喝我的酒,来人,把小诸葛给我捆起来!"

"慢,慢!"小诸葛摆了摆手说,"我买酒,喝酒都是按连长要求做的。不信我给你算算,如果有半点差错,我任你处置。"

麻子连长右手一挥说:"你快算!"

小诸葛边说边算:"你要买的酒的重量等于它本身重量的五分之二与一斤的五分之二的五分之二的和。一斤的五分之二的五分之二,就是 $\frac{2}{5} \times \frac{2}{5} = \frac{4}{25}$ 斤。这 $\frac{4}{25}$ 斤酒恰好等于你要买酒重量的 $1 - \frac{2}{5} = \frac{3}{5}$。由此可以算出,你要买的酒是 $\frac{4}{25} \div \frac{3}{5} = \frac{4}{15}$ 斤,差不多合二两七钱酒。列个式子就是:$1 \times \frac{2}{5} \times \frac{2}{5} \div (1 - \frac{2}{5}) = \frac{4}{15}$(斤)。"

麻子连长追问:"应该买回二两七钱酒,你为什么只给我买回二两呢?为什么偷喝我七钱酒?"

"不喝不成啊!"小诸葛不慌不忙地说,"你跟我说过,要买的酒最小单位是两,要买整两的酒。现在是二两七钱,再买三钱凑成三两吧,我又没钱。拿回二两七钱吧,又怕不合你的要求。我只好叫卖酒的给酒瓶子里装进二两,剩下的七钱酒我硬着头皮喝了,可真辣呀!"小诸葛的一番话,逗得围观的士兵们哈哈大笑。

"笑什么!"麻子连长气得脸上青一块紫一块的,恶狠狠地对小诸葛说,"这次你喝了我七钱酒,将来我要抽你七鞭子!"说完提着酒瓶走了。

小诸葛冲着麻子连长背影做了个鬼脸说:"哼,将来还说不定谁抽谁呢!"

入敌营巧侦察

一天清早,小诸葛被震耳欲聋的枪炮声惊醒。

"怎么回事?"小诸葛披着衣服探头一看,可不得了,敌人包围了连队!

战斗十分激烈,从清早一直打到中午,总算把敌人打退了。

麻子连长说:"敌人这手还挺厉害,想来个偷袭。哼,没那么容易!我大麻子也不是好惹的。"

一排长说:"连长,敌人四面进攻,来者不善啊!是不是派个得力的士兵去侦察一下。"

"你说得对!不过派谁去呢?"麻子连长低头想了想说,"有了!我看派小诸葛去侦察最合适。"

一排长面有难色地说:"小诸葛倒是很聪明,可是,他究竟是个孩子,侦察工作特别危险呀!"

麻子连长眼睛一瞪说:"人小、个小、目标小,更便于侦察。就这样决定了,小诸葛!小诸葛!"

"唉,我在这儿。"小诸葛一边答应着一边背着枪往这儿跑。

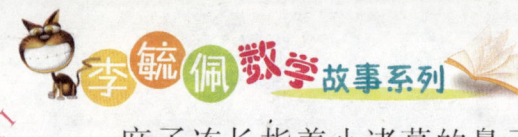

麻子连长指着小诸葛的鼻子下达命令说:"我派你把四面敌人的兵力部署、火力情况,在半小时内给我侦察清楚。如果到时侦察不出来,我要按贻误军机来惩治你。"

老炊事员跑来说情:"半小时要把四周的敌情都侦察清楚,谁能办得到?就是跑一遍,时间也不够啊!"

麻子连长把头一歪说:"服从命令是军人的天职,你不用啰嗦啦!"

"爷爷,我能完成任务。您放心吧!"小诸葛说完,一溜小跑就钻进了树林里。

小诸葛前几天常到这一带玩,对这一带地形非常熟悉,三转两转就跑到敌人的营地。他趴在草丛中偷偷地观察,看到敌人正在吃午饭,这一堆,那一堆,人还真不少。

"怎么办?"小诸葛脑子里飞快地思索着下一步对策。应该抓一个"舌头"。对,只有捉住一名俘虏,才能在短时间内了解到敌人四个方面的情况。

小诸葛正琢磨着,只见一个又矮又胖的士兵,腰里挂着一把号,打着饱嗝向他走来。小诸葛一动不动地趴在地上,等胖子走到眼前,一拉胖子的腿,"扑通"

一声胖子就趴在了地上。小诸葛一翻身骑到胖子的身上,把枪口对准胖子的脑袋。

小诸葛问:"你是干什么的?你们的兵力是怎样部署的?火力如何配备的?快说!"

胖子又打了一个饱嗝说:"我是个号兵,除了吹号,我什么也不知道。"

小诸葛把胖子押回营地,麻子连长问:"小诸葛,敌人的兵力怎样部署的?"

小诸葛用枪一顶胖子的后腰说:"快讲!"

胖子颤抖着说:"昨天我听我们团长说,用全团的 $\frac{1}{2}$ 兵力正面进攻, $\frac{1}{4}$ 兵力后面进攻, $\frac{1}{6}$ 的兵力左边进攻, $\frac{1}{12}$ 的兵力右边进攻。"

麻子连长大声吼叫:"我要的是具体有多少人!你跟我讲这么多几分之一有什么用!"

一排长说:"根据他说的数字,可以算出敌人的总数。"

麻子连长问:"谁会算?"

士兵们你看看我,我看看你,谁也不会算。麻子连长刚要发火,小诸葛说:"我来算。"

"我先算算,这四个分数之和等于不等于1,咱们别叫这个胖子给骗啦!"说着在地上列出了算式:

$$\frac{1}{2} + \frac{1}{4} + \frac{1}{6} + \frac{1}{12} = \frac{6+3+2+1}{12} = 1$$

小诸葛点点头说:"合起来正好得 1。喂,胖子,你们团有多少人?"

胖子摇摇头说:"一团有多少人我可不清楚。我只知道,一团有三个营,一营有三个连,一连有三个排,一排有三个班,我们班有 12 个人。"

麻子连长摇摇头说:"这个胖子是个大傻瓜!"

"傻瓜才说实话哪!我来算算他们团的人数。"小诸葛又在地上写了起来:

12 × 3 × 3 × 3 × 3 = 972(人)

小诸葛说:"有 972 人。"

麻子连长点点头说:"嗯,一个团也就千把人。再算算各方面都有多少士兵。"

小诸葛很快算出四个答数:

$972 \times \frac{1}{2} = 486$(人)　　$972 \times \frac{1}{4} = 243$(人)

$972 \times \frac{1}{6} = 162$(人)　　$972 \times \frac{1}{12} = 81$(人)

小诸葛说:"正面有 486 人,后面有 243 人,左边有 162 人,右边有 81 人。"

麻子连长听完敌人的兵力部署,脑袋上直冒汗。他喃喃自语说:"我这个连总共还不足一百人,敌人的兵力是我们的十倍,而且四面把我们包围起来,这可怎么办?"

小诸葛在一旁大声叫道:"连长,我完成任务了吧?"

小诸葛这一喊,吓了麻子连长一大跳。

"完成任务了?敌人的火力情况你弄清楚了吗?"麻子连长恶狠狠地说,"十分钟内,你不把火力情况搞明白,我还是饶不了你!"

"哼!"小诸葛二话没说,押着胖子号兵就走了。两个人走到一个僻静地方,小诸葛小声对胖子说:"你能告诉我,你们每连有几门炮、几挺机枪吗?"

"这……我可不敢说,团长说过,谁把大炮、机枪数泄露出去,就把谁枪毙!"胖子显得非常害怕。

小诸葛眼珠一转说:"这样吧,我不让你直接说出枪炮数,你只要给我算个数就成。你要算对了,我让老炊事员爷爷给你煮三个鸡蛋。"

胖子司号员听说有三个鸡蛋就痛快地答应了。

小诸葛说:"你把每连的炮数乘100,再减100,然后加上每连的机枪数,再减去11,得数是多少啊?"

胖子司号员在地上算了半天才说:"得414。"

小诸葛说:"你在这儿等着,我给你拿鸡蛋去。"

"好,我绝不会走的。你挑三个大鸡蛋啊!"胖子的口水都快流出来啦。

小诸葛跑到连部,告诉麻子连长说:"胖子司号员算得的答数是414,他们每连有大炮5门,机枪25挺。"

麻子连长弄不清小诸葛说的什么意思,红着眼珠问:

"什么得数414？哪儿来的大炮5门、机枪25挺？"

小诸葛把胖子司号员算题一事说了一遍。

一排长问："他算出来的答数为414，你怎么知道每连有5门大炮、25挺机枪呢？"

"这是我故意搞的障眼法。"小诸葛解释说，"我估计每连的炮数不会超过10门，一般是个个位数。把这个个位数

乘100，原来的个位数就变成百位数了，比如有5门炮，5×100＝500，这个5就跑到百位数去了，再减去100呢，就变成400，它比原来的5少1。加上机枪数25，再减去11，得数是414，我从得数可以立即知道炮有5门、机枪有25挺。"

一排长又问："不减100，不减11，不是更简单吗？"

小诸葛说："那样得数是525，胖子会对这个答数产生怀疑的。"

麻子连长一听敌人配备这么强大的火力，吓得一屁股坐在椅子上。

外面响起枪炮声，敌人又开始冲锋了。突然，麻子连长双手捂着肚子，躺在地上直打滚。这是怎么啦？

冲出包围圈
CHONGCHUBAOWEIQUAN

连队被包围了,麻子连长捂着肚子说:"我有病,不能带你们冲出重围了,你们各自逃命吧!"说完又捂着肚子"哎哟、哎哟"地叫喊起来。

几位排长临时开了个会,大家一致推举小诸葛领着全连突围出去。真是"初生牛犊不怕虎"啊!小诸葛二话没说就答应了。

小诸葛首先查点了一下全连人数,包括胖子司号员共有99名士兵。小诸葛派4名士兵去正面,4名士兵去后面,两名士兵带着胖子司号员去右边,小诸葛带着88名士兵向左边突击,和敌人交上了火。左边敌人有162人,兵力几乎是他们的两倍,战斗是十分艰苦的。

敌军团长发现小诸葛带兵要从左边突围,立刻下达命令,让前、后、右三路军队立即发起进攻,企图来个铁壁合围。

前、后的两支部队往上一冲，就踩响了地雷。原来小诸葛向前、后两面各派4名士兵，是去埋地雷的。敌人连连挨炸，就不敢往前冲了。这时就听到响起了紧急集合号声，右边的81名敌人听到胖

子司号员吹起紧急集合号，立即向吹号地点跑去，右边就露出了空档。小诸葛带着士兵向左边的敌人狠打了一阵枪，把左边的敌人压得抬不起头来，他乘机带着全体士兵掉头向右边空档冲去。

小诸葛经过连部时，看见麻子连长还在那里，就大喊一声："连长，快跟我往右边冲！"可是麻子连长还想装病。这时，四面枪炮声越来越急，来不及多说了，几个士兵架起麻子连长就往右边跑去。

小诸葛又指挥士兵把36个地雷埋在连部周围，最后撤离营地。由于小诸葛叫胖子司号员把右边的敌人都引到一片树林里了，全连士兵没有遇到抵抗，就顺利地冲了

出来。

麻子连长一看队伍已经突围出来了,他就一屁股坐在地上不走了。

麻子连长说:"我的肚子已经不痛了,小诸葛,你不用再指挥了,还是由我来吧!"可是士兵们不干了,他们说小诸葛聪明,会算计,要求小诸葛继续指挥。

麻子连长可气坏了,他拔出手枪,把帽子往后一推说:"好啊!这就不听我指挥了。我是智叟国王派来的连长,谁敢不听,我就枪毙了谁!再说我并不比小诸葛笨。不信,我和他比试比试。"

小诸葛一看麻子连长来劲了,就对麻子连长说:"咱俩一人出一道题,你先出题考我吧!"

麻子连长眼睛往上一翻,忽然一拍大腿说:"有啦!记得小时候奶奶给我出过一道算术题,直到现在我也不会做。我说说,看你会不会做?听好啦!从前,有一座庙,庙里有100个和尚,每次做饭都只做100个馒头。庙里规定,大和尚每人吃5个馒头,中和尚每人吃3个,小和尚3个人吃一个馒头。这样一分,馒头一个不多一个不少。问问你,庙里有多少个大和尚,多少个中和尚,还有多少个小和尚?"

麻子连长刚说完,小诸葛就"扑哧"地笑出了声。小诸葛说:"也难怪是你奶奶出的题,这题都老掉牙啦!

"不管老不老,你不会做吧?"

"当然会喽。"小诸葛当着大家的面在地上边写边说,"根据你说的条件,我可以列出两个等式:

大 + 中 + 小 = 100

这个等式的意思是,大、中、小和尚的总数是100人;

$5 大 + 3 中 + \frac{1}{3} 小 = 100$

第二个等式的含意是,大和尚吃的馒头总数,加上中和尚吃的馒头总数,再加上小和尚吃的馒头总数,一共是100个馒头。"

麻子连长问:"列出两个等式管什么用?"

小诸葛说:"小和尚人数是3的倍数,比如有84个小和尚,我就能算出小和尚吃了28个馒头。100减去28得72,将72分成两个数,一个能被5整除,一个能被3整除,72可分成60和12,所以大和尚有12人,中和尚有4人。"

麻子连长点点头说:"我奶奶说的也是这三个数。"

小诸葛说:"其实不止这一组答案,还有一组是大和尚4人、中和尚18人、小和尚78人;第三组是大和尚8人、中和尚11人、小和尚81人。"

小诸葛说:"该我出题考你啦!这是老炊事员爷爷给

我出的题:

> 蜗牛爬墙走,
> 日升六尺六,
> 夜降三尺三,
> 墙高一丈九,
> 几日到顶头。"

麻子连长算了半天也没算出个结果。老炊事员在一旁憋不住了,就说:"日升六尺六,夜降三尺三,那一昼夜蜗牛往上爬了三尺三。4天就爬高了 3.3×4 = 13.2(尺),离顶端还有 19 - 13.2 = 5.8(尺)。因为蜗牛白天能爬 6.6 尺,所以它在第五天的白天里,完全可以爬到墙顶。我这是给娃娃出的题,你这个大连长硬是不会算,哈哈……"

麻子连长被老炊事员说得脸上一阵红一阵白,他刚要发作,不知听到了什么,麻子连长又双手捂住肚子倒在地上。噢,后面传来了枪声,敌人追上来了。

发起反攻 FAQIFANGONG

正当小诸葛和麻子连长互相考智力的时候,敌人的大股追兵赶来了。麻子连长一看情况不好,又假装肚子痛。他这一招儿,已经没人信了,小诸葛指挥全连准备战斗。

小诸葛站在高地说:"一排长带着全连的 $\frac{1}{9}$ 士兵向前冲,二排长带同样多的士兵向左撤,三排长也带这么多士兵向右撤,其余士兵埋伏在树林里。"

麻子连长偷偷问一个士兵说:"这 $\frac{1}{9}$ 的士兵有多少人?"

士兵小声回答说:"全连99人,全连的 $\frac{1}{9}$ 就是11人呗。"麻子连长点点头,心想,小诸葛派出去33人,自己留66人,他是"耗子拉铁锨——大头在后头",我看看他到底要干什么。想到这儿,麻子连长也跟着小诸葛藏到树林里。

敌人追上来了。一个士兵向其团长报告说:"敌方的部队分三个方向败逃。"

敌团长命令道:"一营向左,二营向右,三营一直往前追。我带着警卫连在这儿设立团部。"三个营长立即带着士兵向三个方向追去。警卫连没有多少人,算上连长也就20个人。

等敌人的三支部队走远了,小诸葛一挥手,埋伏在树林里的士兵一齐杀了出来。由于小诸葛带着66人,人数上占优势,所以把敌警卫连打得死的死、伤的伤。

敌团长大声叫喊:"快叫胖司号员,吹紧急集合号,把三个营的军队叫回来解围。"

警卫连长说:"咱们的胖司号员不是叫人家活捉去了吗?"

敌团长又大声叫道:"那就快打信号弹!"

"砰、砰、砰",三颗红色信号弹升空,这是万分紧急的信号。三支追赶的敌人部队见到信号弹立刻掉头往回跑。

小诸葛一挥手,说了声:"撤!"大家向营部所在地撤去。他们到达营部时,先撤走的33名士兵也早已安全到达了。

营长亲自迎接大家,夸奖这个连打得漂亮,撤退及时。听到营长表扬,麻子连长可来劲了。他挺着脖子说:"营长,你看这场战斗我指挥得不错吧?"

营长笑着说:"人家都说你大麻子有勇无谋,可是这次你怎么有勇有谋啦?"

"这个……"麻子连长麻脸一红说:"我变得越来越聪

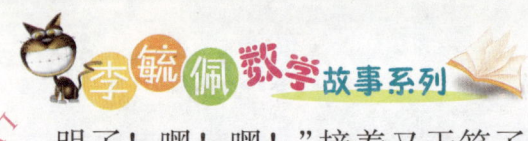

明了!嘿!嘿!"接着又干笑了几声。

麻子连长的这番表演使全连士兵都气坏了,老炊事员在一旁气得直喘粗气。再看小诸葛,还是乐呵呵的,一点生气的样子也没有。

老炊事员看小诸葛在一旁乐,这气可就更大了。他小声对小诸葛说:"听大麻子胡说八道,你就一点也不生气?"

小诸葛笑着说:"生气?生气有什么用?"

"那你说怎么办?"

"事实总是事实,笨蛋也不能一夜之间变成个聪明人嘛!"说着小诸葛眨了眨眼睛。

"笨蛋变不成聪明人。"老炊事员仔细琢磨小诸葛这句话的含意。突然,老炊事员一拍大腿说:"有了,我要让这个'聪明'的大麻子现原形!"

老炊事员走上前说:"连长,这次战斗是你一手指挥的吗?"

麻子连长大嘴一撇说:"那还用说?从战斗一打响,我就冲在最前面,所有的战斗都是我指挥的。"

老炊事员又往前走了一步问:"你说说,咱们一共俘虏了多少敌人啊?"

"俘虏的人数嘛……"麻

子连长一上来就卡壳了,他把话锋一转说,"战斗进行得那么紧张,谁还顾得上数捉住了几名俘虏呀!"

"我就知道捉了几名俘虏。"大家回头一看,是小诸葛在说话。

麻子连长眼睛一瞪问:"你说几个?"

小诸葛笑嘻嘻地说:"连长,你听着:这个数加这个数,这个数减这个数,这个数乘这个数,这个数除这个数,四个得数相加的和正好等于100这个数。我说聪明的连长,你应该猜到这个数。"

士兵们知道麻子连长最怕算术,大家异口同声地说:"对! 连长越活越聪明,这个数一定能算出来。快算吧,哈哈……"

在士兵们的哄笑中,麻子连长脑袋有点发晕,他张着嘴,半天说不出话来。突然,麻子连长灵机一动,他用手捅了捅身旁的一个年轻士兵,小声说:"你帮我算算这个数是几,我将来提拔你当班长。"

年轻战士想了想说:"我记得捉了7名俘虏。"

"好!"麻子连长来神了,他大声说,"这个数是7,没错,是7。"

营长说:"你按小诸葛说的验算一下,看看对不对?"

麻子连长满有把握地说:"7加7得14,7减7得零,7乘7得49,7除7得1。四个得数加在一起就是100么。"

麻子连长刚刚说完,在场的人都哈哈大笑。老炊事员都笑出了眼泪,他擦了擦眼泪说:"连长真是聪明过人,14加零,加49,再加1,硬是得100?"

麻子连长不服气,他咬着牙说:"就是7名俘虏,没错!"

小诸葛说:"把俘虏带上来。"两名士兵押着9名俘虏走了上来。老炊事员在一旁说:"9加9得18,9减9得零,9乘9得81,9除9得1。这四个数加起来才得100哪!"

接着老炊事员把麻子连长如何刁难小诸葛,如何装肚子痛,又如何说假话,一股脑儿都告诉给营长。

麻子连长还想抵赖,可是所有的排长和班长,都证明老炊事员说的是真话。

听了老炊事员的一番话,营长剑眉倒竖,厉声喝道:"好个大麻子,你临阵脱逃、无病装病、欺骗上级、陷害小诸葛,本应送你去军事法庭从严惩处。念你当连长多年,今后令你给老炊事员烧火、打杂,一切听老炊事员支配。"麻子连长站在一旁,一个劲儿地点头说是。

突然,有人怪声怪气地说了声:"慢!请营长手下留情!"

给麻子连长算命

大家回头一看,是智叟国王来了。他干笑了两声说:"你们不了解实情。我把小诸葛交给麻子连长时,就密令他要考验一下小诸葛。看看小诸葛有没有三国时诸葛亮那大能耐,会不会用兵,能不能打仗?"

麻子连长忙说:"这个小诸葛果然善于用兵,巧妙对敌,是位将才!"

智叟国王点点头说:"看来我的眼力不错,经过几年培养,会为我们智人国征服全世界作出贡献的。麻子连长,你把小诸葛先送回王宫,路上多加小心,如果出了问题,小心你的脑袋!"

"是!"麻子连长答应一声,押解着小诸葛向王宫方向走去。

小诸葛在前面走,麻子连长挎着枪在后面跟着,两个人一言不发,默默地走着。

麻子连长觉得这样走实在无聊,就对小诸葛说:"小诸葛,你会算命吗?我这个人特别相信算命。"

小诸葛头也不回地说:"我不但会算命,而且特别灵!"

麻子连长半信半疑,他问:"你怎么能让我相信你算得灵呢?"

"这个好办。"小诸葛掉过头来说,"我曾暗地给你算过一次命,发现你和智叟国王命运相同。"

"真的?"麻子连长十分兴奋地说,"智叟是国王,我大麻子将来也能当国王?"

"不信,你自己算一算呀!"小诸葛一本正经地说,"你把你出生的年份加上当连长的年份,再加上你现在的年龄,再加上你当了几年连长,看看等于多少?"

麻子连长蹲在地上边说边写:"我1966年出生,1988年当上的连长,我今年24岁,当了2年连长,把它们加起来:

```
   1 9 6 6
   1 9 8 8
       2 4
 +       2
   ───────
   3 9 8 0
```

得3980。"

小诸葛说:"你再把智叟国王出生的年份加上当国王

的年份,再加上他现在的年龄,再加上他当了几年国王,算算等于多少?"

麻子连长接着算,他说:"智叟国王 1924 年出生,1958 年当上国王的,他今年 66 岁,当了 32 年国王,把它们加起来:

$$\begin{array}{r}1924\\1958\\66\\+32\\\hline 3980\end{array}$$

嘿!也得 3980。"麻子连长说,"看来你小诸葛还真有两下子!"

前面有个小酒馆,麻子连长拍了小诸葛的肩膀一下说:"走,进去喝两杯,我请客!"

"我不会喝酒。"小诸葛摇摇头。

"陪我划几拳!"麻子连长见了酒就拖不动腿。

"我不会划拳。"小诸葛又摇摇头。

"你不会可不成,你不喝我可就硬灌你啦!"麻子连长开始耍赖。

小诸葛稍一琢磨,觉得这是一个逃走的好机会,先把麻子连长灌醉了再说。

小诸葛对麻子连长说:"咱俩做游戏吧,谁输了谁喝酒,你看怎么样?"

"做游戏?好主意!我大麻子可不是傻瓜,想赢我!没那么容易。"说完大麻子拉着小诸葛走进了小酒馆,向掌柜的要了二斤白酒,给每人倒了一杯。

小诸葛要来了一盘花生米,他左、右手各拿几颗花生米握紧,然后问:"连长,你猜我哪只手里的花生米是双数?"

麻子连长琢磨了一会儿,指着小诸葛的右手说:"这手里是双数。"小诸葛放开右手一看,里面有三颗花生,不对。麻子连长输了,端起酒杯一仰脖喝了下去。

麻子连长一连猜了三次都错了,他连喝了三杯。麻子连长心里纳闷,我怎么会每次都猜错呢?他哪里知道,小诸葛每次两只手拿的花生米,都是单数,而偏问麻子连长哪只手里花生米是双数,麻子连长永远也猜不对!

麻子连长说:"这次,咱俩换一下。我来双手抓花生米,你来猜。"他迅速抓了一把花生米,数了数分别放在左右手中,然后握紧双手叫小诸葛猜。

小诸葛摇摇头说:"你两只手所拿的花生米都是双数吧?"

"不,我左手拿的是5颗花生米,右手拿的是4颗花生米。怎么会都是双数呢?"

麻子连长极力申辩。

小诸葛笑着说:"这么说,你右手拿的是双数喽!喝酒

吧，麻子连长。"

"咳！我真笨。怎么自己说出来啦！"麻子连长说完又灌进了一杯酒。二斤白酒让麻子连长喝了一大半。

趁着酒兴，麻子连长双手各抓了几颗花生米说："这次我保证一手是双数，一手是单数，你猜吧！猜错了，可该你喝酒啦！"

"我要检验你说的是不是真话。"小诸葛想了一下说，"把你左手的花生数乘以2，再加上右手的花生数，得数是多少？"

麻子连长算了一会儿说："得31。"

小诸葛立刻指出右手里是单数，麻子连长伸开右手一看是5颗，果然是单数。麻子连长喝完了酒不服气，又做一次，这次得数是10，小诸葛说他右手里是双数，麻子连长一张开右手果然是双数。就这样，不知不觉二斤白酒都被麻子连长喝进肚子里去了。

小诸葛提起酒壶说："连长，酒喝光啦，我再去买点酒，我请客！"

"你请客，我就喝。"麻子连长说完就趴在桌子上睡着了。

傍晚，小酒馆该关门了，店掌柜叫醒了麻子连长。麻子连长一看小诸葛没了，吓出了一身冷汗，酒钱也不给了，撒腿就朝王宫方向跑去。

密林追踪 MILINZHUIZONG

麻子连长急匆匆地去见国王,向智叟国王报告小诸葛中途逃走了。

智叟国王闻到麻子连长满嘴的酒气,生气地说:"几斤酒灌进肚子里,别说是小诸葛,死人也能叫你看跑啦!"智叟国王眼珠一转,命令士兵带二休一起去捉拿小诸葛。

麻子连长问智叟国王道:"追小诸葛,带着二休干什么?"

智叟国王狠狠地瞪了麻子连长一眼说:"捉拿小诸葛,要用二休做诱饵,你除了喝酒,还知道什么!"吓得麻子连长一缩脖子,赶紧躲到一边去了。

再说小诸葛离开了小酒店,心中暗自高兴,心想:"你智叟国王一准会来追我,我钻进前面的密林之中,看你到哪里找我!"想到这儿,小诸葛加快脚步向密林深处走去。

忽然,林子外面传来了一阵吆喝声,小诸葛向外一看,是二休被智叟国王和士兵们用枪押着,向树林方向走来,小诸葛赶紧爬到了一棵大树上。

智叟国王高声叫道:"小诸葛,你快点出来!不然的话,我就把二休枪毙了!"

智叟国王押着二休走到了小诸葛所在的树底下,趁智叟国王不注意,小诸葛从树上扔给二休一个小纸团,二休假装提鞋,把纸团拾起来看了一眼。

智叟国王问二休:"你是不是知道小诸葛逃到哪儿去了?"

二休考虑了一下反问:"如果我告诉你小诸葛藏在哪儿,你能放我回国吗?"

智叟国王拍胸说:"一定放你回国,说话算数。"

二休把一张纸条交给了智叟国王,说:"刚才有一个小孩扔给我这张纸条。"

智叟国王接过纸条仔细看,原来是封图画信。

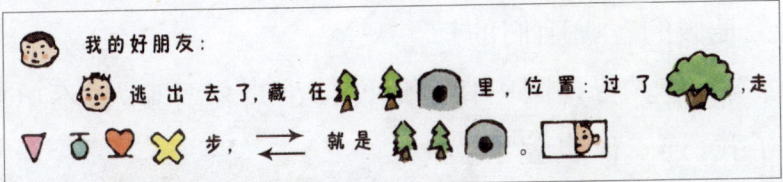

智叟国王看了半天没看出个所以然,把纸条递给了二休说:"你来念念!"

二休装着看不懂,慢慢念着:"二休,我的好朋友:我逃出去了,藏在树林的洞穴里,位置:过了大槐树走▽ ◯ ♥ ✖ 步就是洞穴。小诸葛。"

二休问:"这 ▽ ◯ ♥ ✖ 是什么符号呀?"

智叟国王嘿嘿一阵冷笑说:"小诸葛骗不了我。你看,信尾的小诸葛不是藏着半边脸吗?我把这4个符号各捂上左半边就全清楚了。"

麻子连长用左手捂住每个符号的左半边,顿有所悟:"噢,这4个符号的一半就是7、5、2、3呀!也就是7523步!可真够绝的啦!"

智叟国王用枪捅了二休一下说:"这棵树就是大槐树,你在前面带路,我跟你走上7523步,看看有没有个秘密洞穴。"二休一副无可奈何的样子,在前面慢慢地走。走出1000多步后,二休越走越快,智叟国王渐渐跟不上了,不一会儿把智叟国王拉下好远。智叟国王数到7523步一看,哪里有什么洞穴啊!再一找,二休也不见了。

麻子连长挠了挠脑袋问:"陛下,小诸葛写的纸条会不会是假的?骗咱们的!"

"不会。"智叟国王肯定地说,"小诸葛要骗人,不单单骗了我,连二休也骗了。"

智叟国王又拿出纸条,反复地琢磨。突然他一拍大腿说:"我明白了。这上面有一正一反两个箭头,应该向前走7523步,再往回走3257步才对哪,快往回走吧!"

数学智斗记

他们往回走了1000步,发现两个小孩——一个白脸、一个黑脸。他俩每人端着一碗饭,饭碗上还写着号码。两个人坐在大树下一粒一粒地吃着碗里的饭。

麻子连长问两个小孩:"你们看见一个日本少年从这儿过去了吗?"

黑脸小孩有气无力地说:"我俩有个难题,如果你能帮助解决,我就告诉你。"

说完又往嘴里放了一粒饭。

"有什么难题,快说!"麻子连长挺着急。

黑脸孩子慢吞吞地说:"我俩是童工,经理嫌我俩吃饭太多、太快。今天早饭,他给我俩每人一碗饭,他说谁最后吃完自己碗里的饭,就奖给谁100元,最先吃完的就开除。"

白脸小孩眼泪汪汪地说:"我俩都饿得要死,可是谁也不敢快吃。"

麻子连长摇摇头说:"我可没办法!"

智叟国王干笑了两声说:"这事好办。你俩手里的饭碗交换一下不就成了嘛!"

两个小孩眼珠一转,突然从地上蹦了起来,高兴地说:"好主意!"两个小孩把手中饭碗交换了一下,然后张开大嘴飞快地吃了起来,一眨眼两人同时把饭吃完了。

麻子连长莫名其妙,他问:"为什么把碗交换一下,你俩就拼命吃了？"

白脸孩子抹了一下嘴，高兴地说："别忘了，我吃的是他碗里的饭。我赶快把他碗里的饭吃完，我碗里的饭不就是最后吃完嘛！"

黑脸小孩往后一指说："是有个日本小和尚刚从这儿过去，你们快追还能追上！"

智叟国王和麻子连长又追了2257步，发现在一棵大树后面果然有个洞穴。

智叟国王命令麻子连长进洞看看。麻子连长深知小诸葛的厉害，右手握着手枪，哆哆嗦嗦地往洞里走。麻子连长一边走一边大声喊："小诸葛、二休，你们快出来！我已经看到你们藏在那儿啦！不出来，我可要开枪啦！"

没过一会儿，只听洞里"哎哟"一声，麻子连长在里面大喊"救命！"智叟国王急忙召来卫兵把洞口团团围住。

智叟国王向洞里喊道："小诸葛、二休，你们快点出来，我保证你们的人身安全。限你们三分钟作出答复！"

只听洞里响起了一阵脚步声，脚步声越来越近，只见小诸葛拿着麻子连长的手枪，二休拿着棍子，押着麻子连长朝洞口走来。

"聪明人饭店"

到了洞口,小诸葛对智叟国王说:"叫你的卫兵给我让出一条道,让麻子连长陪我俩走一段路,我一定不伤害麻子连长。"

智叟国王命令卫兵给让出一条道来,小诸葛和二休押着麻子连长,直向密林深处走去。走了很长一段路,断定后面确实没有人跟踪,才把麻子连长放了回去。

小诸葛把手枪插到腰带里,笑着对二休说:"咱俩终于逃出来啦。"

二休向小诸葛深鞠一躬,用中国话清楚地说道:"多谢你给我扔纸团,是那个纸团救了我。"

小诸葛一惊,忙问:"你会说中国话?"

"我的邻居是一位中国侨民,我从小跟他们学中文,会说几句中国话,可是讲不好,不好意思跟你对话。"说着,二休笑了。

小诸葛拍着二休的肩膀说:"讲得蛮不错嘛!这下子可好了,咱俩就不用借写字来'谈话'了。走,去找点东西

吃。"两个人又继续往前走。

前面有个小饭店,门口摆着许多烤得两面发黄的大饼,香味扑鼻,馋得两个人直咽口水。小诸葛一摸口袋,一分钱也没带,再一抬头,看见招牌上写着"聪明人饭店"。店掌柜是个四十多岁胖胖的中年人。

小诸葛好奇地问店掌柜:"你这个饭铺为什么起名叫聪明人饭店呢?"

店掌柜笑着说:"我这个饭店专门是为聪明人开的。聪明人在我这儿吃饭,不要钱。"

小诸葛一听说聪明人吃饭不要钱,十分高兴,又问:"你怎么知道谁聪明,谁笨呢?"

"这个好办。"店掌柜指着墙上贴的一张纸说,"我这个店规定:谁要能出题把我难倒,可以白吃我的两个大饼;如果难不倒,吃一个大饼要付三个大饼的钱。"

"好吧,我先来说一个问题。"小诸葛按了按饿得"咕咕"直叫的肚子说,"有一次我站在100米高的楼顶,双手抱着一个熟透了的大西瓜。后来,西瓜下落了100米,可是我一看,嘿,西瓜一点也没坏,你说这是怎么回事?"

"这个……"店掌柜的眼珠转了好几个圈,说:"也许下面有人接住了西瓜,也许西瓜掉在了一大堆棉花上。"

小诸葛摇摇头说:"都不是。当时只有我一个人,地上也没有棉花,是硬邦邦的水泥地。"

店掌柜用手挠了挠脑袋说:"这可奇怪了,下落了100米硬是没有摔碎?我真想不出来了。"

小诸葛笑了笑,做个抱西瓜的样子说:"是我从100米高的楼顶上,把西瓜抱到了地面,当然西瓜一点也没坏喽!"

店掌柜眨巴着眼睛,还是没听懂。小诸葛解释说:"原来我是站在100米高的楼顶上,抱着一个大西瓜。我身高1.6米,西瓜离地面差不多有101米。后来我抱着西瓜下了楼,西瓜下落了100米,可是西瓜没沾地呀!它还在我的怀里,离地约有1米。"

"说得好!"店掌柜拿出两个大饼,给小诸葛和二休每人一个。两个都饿极了,张大嘴三口两口就吞了进去。小诸葛冲着二休摸了摸肚子,二休明白小诸葛是说自己没吃饱。

二休说:"我也来出个问题吧。有一次我乘公共汽车,快到终点站了,两位售票员站起来查票,可是车上只有一半人出示了车票,而售票员对另一半人却不闻不问。你

说这是怎么回事?"

店掌柜想了想说:"可能那一半是小孩,不用买票,要不就是售票员的老熟人,也可能是他们车队的头头们。"

二休摇摇头说:"都不是。"

"都不是?"店掌柜有点莫名其妙了,他最后摇摇头,表示不会答。

二休笑着说:"车上只有3名乘客出示了车票,另3个人是一名司机、两名售票员,这3个人当然不用出示车票啦!"

"原来是这样!"店掌柜恍然大悟。

二休指了指炉子上的大饼问:"那……大饼呢?"

"给,给,每人一个。"店掌柜爽快地拣了两个大饼递给了他俩。

店掌柜从柜台下面拿出两个芝麻大饼说:"我也出个问题,如果你们答对了,就把这两个最好吃的芝麻大饼送给你们吃。不过……如果答错了,你们要付我6个大饼的

钱。"小诸葛和二休都点头同意。

店掌柜说:"我有一个朋友患有严重的关节炎,走路一瘸一拐的。可是他总去眼科医院,这是为什么?"

小诸葛拍了一下前额,二休敲了一下后脑勺,两人同时回答说:"这个问题太简单了,你的朋友在眼科医院工作。因为去医院的不一定就是病人。"

"对极啦!我的这位朋友是个眼科医生,他当然要到眼科医院去上班。你俩真是少有的聪明人啊!"店掌柜把带芝麻的大饼递给他俩说,"吃吧!这种大饼越吃越有味。"

两个人嚼着大饼,真是越嚼越香。芝麻大饼吃完了,两人觉得头晕眼花,站立不稳,一前一后都栽倒在地上。

店掌柜见两人都倒了,"哈哈"大笑,他手指着小诸葛和二休说:"你俩再聪明,也逃不出我的'聪明人饭店',我来翻翻你们身上有多少钱。"

金条银锭藏在哪儿？
JINTIAOYINDINGCANGZAINAER

小诸葛和二休吃了"聪明人饭店"掺了药的大饼，全都晕倒了。店掌柜就去翻两人的口袋，想翻出点钱来。先翻二休的口袋，结果一分钱也没有。店掌柜踢了二休一脚骂道："穷鬼！我想从你身上弄点日元，结果什么也没有。"他从小诸葛腰里搜出一支手枪，钱也是一分没有。

店掌柜把小诸葛和二休用绳子捆了起来，再用凉水把他们喷醒。店掌柜用枪指着小诸葛和二休说："有钱快交出来。要钱还是要命任你们挑！"

小诸葛慢条斯理地说："当然我们要命啦！长这么大多不容易，谁愿意轻易把命丢了！"

店掌柜"嘿嘿"地冷笑了两声问："要命就得交钱！你们两个穷鬼，口袋里连一分钱都没有，拿什么保命？"

小诸葛瞟了店掌柜一眼

说:"谁说我们没钱?这次我俩走这密林中的羊肠小道,就是替一家银行护送金条和银锭的。"

"吹牛!银行经理瞎了眼?让你们两个小孩护送金条、银锭。"店掌柜一个劲儿地摇晃脑袋。

"不信?"小诸葛一本正经地问,"刚才咱们也较量过,你说我们聪明不聪明?"

店掌柜点点头道:"确实聪明。"

小诸葛又问:"我腰里带的枪可是真的?"

店掌柜把枪翻来覆去看了看说:"没错,是一把真手枪。"

小诸葛说:"银行经理觉得这次护送的金条、银锭数目巨大,叫大人护送容易引人注目。由我们两个小孩来护送,别人是想不到的,这叫出其不意。"

店掌柜一想,也对。两个小孩确实精明能干,一般大人也比不上。再说,如果不是护送贵重的东西,小小年纪哪儿来的手枪?

店掌柜立刻转为笑脸,关切地问:"你们这次带了多少金条?多少银锭?共有多重?告诉我,马上把你们放了。"

小诸葛皱着眉头说:"银行经理把金条、银锭锁在一个铁箱子里,没告诉我俩有多少啊!"

店掌柜走近一步问:"一点线索也没有?"

"线索倒是有。"小诸葛一本正经地说,"经理曾经说过,将一根金条和一个银锭放在一起,会多出一个银锭来;

如果将一根金条和两个银锭放在一起,会多出一根金条来。"

"嗯……让我算一算,"店掌柜的眼睛里闪着兴奋的光,他自言自语地说,"可以肯定银锭比金条多一个,可是金条有多少根呢?"

店掌柜低头琢磨了半天,突然他一拍大腿说:"有了!你们经理说,如果将一根金条和两个银锭放在一起,会多出一根金条来。我假设外加两个银锭,这时多出那根金条也有两个银锭和它放在一起,银锭数恰好是金条数的两倍。"

店掌柜眯着眼睛问:"这时银锭比金条多出几个呢?"

二休说:"原来银锭就比金条多一个,你又假设外加两个银锭,这时银锭比金条就多出三个。"

店掌柜说:"对,银锭多出三个就是金条的二倍,那么金条有三根,银锭有四个。"

小诸葛在一旁说:"其实,算这道题用不着这么麻烦。经理的第一句话是说,金条银锭的总数除2余1;经理的第二句话是说,金条银锭的总数除3也余1。因此,金条银锭总数是2和3的最小公倍数加1,也就是$2 \times 3 + 1$,共七个。其中有三根金条,四个银锭。"

店掌柜说:"不管怎么算,反正是三根和四个。"说完把脸一沉,用枪顶了一下小诸葛的胸口问,"你们把这些金条和银锭藏到哪儿去了?快说实话!"

小诸葛犹豫了一下说:"就藏在前面不远的一个洞穴里。你找到了那个洞穴就大声叫二休,有个小孩会领你进洞。这样吧,我带你去取吧!"

店掌柜心里一算计,觉得还是一个人去好,免得人多容易暴露目标。他恶狠狠地说:"我要找不到金银,回来再和你们算账!"说完把枪插到腰上,急匆匆地走了。

店掌柜很快就到了小诸葛所说的洞穴,他站在洞口扯着脖子喊:"二休,二休。"没喊几声,从大树后面走出一个瘦老头。

瘦老头问店掌柜:"你认识二休?"

"当然认识。不认识我叫他干什么!"店掌柜警惕地看了瘦老头一眼,接着又连声叫二休。

瘦老头轻轻拍了三下手,从树后闪出几名士兵把店掌柜按倒在地上。店掌柜还想挣扎着掏枪,可是枪被士兵夺走了。原来瘦老头正是智叟国王,他领人埋伏在这儿,等着小诸葛和二休在密林里找不到路时转回来。

智叟国王审问店掌柜,叫他说出小诸葛和二休的下落。店掌柜害怕金银被瘦老头抢去,硬是一声不吭。

麻子连长小声问智叟国王,这个人会不会是傻子?智叟国王说出道题考考他。

智叟国王对店掌柜说:"昨天我去买烟斗,商店有大小两种烟斗。我给售货员一张二元钱币,他问我买大的还是小的?后来又来一个买烟斗的,也递给他二元钱,售货员连问也不问,就给了他一个大烟斗。你说说,售货员为什么问我不问他?你若答对了,我就放了你。"

"聪明人饭店"的店掌柜脑子可不笨。他略微想了想说:"大烟斗的价钱一定是一元五角钱以上,小烟斗的价钱则是在一元五角钱以下。后来买烟斗的人递给售货员的钱不会是一张二元的,也不会是两张一元的。比如是一张一元和两张五角的,这样售货员就肯定知道他要买大烟斗了。但是你给他是一张二元的,他必须问问你买什么烟斗。"

麻子连长点点头说:"行,一点也不傻!"

智叟国王说:"不但不傻,还挺聪明。他不说出小诸葛和二休在哪儿,你们给我打!"

一听说要打,店掌柜吓坏了,赶紧说了实话。智叟国王命令士兵跑步去"聪明人饭店"捉拿小诸葛和二休。

酒鬼伙计

话说两头,小诸葛和二休在"聪明人饭店"被店掌柜捆了起来,又叫来一个伙计拿着一根木棒在旁边看守着。这个伙计是个酒鬼,不时从酒缸里弄出点酒,偷偷地喝。

小诸葛和二休互相交换了一下眼色。二休叹了口气说:"世界上真有这样的傻瓜,好处叫别人占了去,自己还在那儿傻等着。"

伙计举起木棒问二休:"你说谁是傻瓜?"

二休解释说:"我这次出来,带了好多瓶酒,还真有好酒!"

伙计听说有好酒,立刻眼睛一亮,高兴地一拍大腿说:"掌柜的临走时对我说了,把你们的东西取回来,也分给我一份。到时候我就有好酒喝了。"

二休问:"分给你多少?"

伙计掰着指头说:"掌柜的说,把东西先分成$\frac{1}{2}$、$\frac{1}{4}$和$\frac{1}{6}$三份,把其中的$\frac{1}{2}$给饭店、$\frac{1}{4}$给他、$\frac{1}{6}$给我。喂,

你一共带来多少瓶好酒啊?"

"我带来11瓶普通白酒和1瓶特制桂花陈酒。"二休一本正经地说,"不过,你被店掌柜的骗了!"

"骗了?"伙计有点吃惊。

二休说:"你先给我松开绳子,我给你算算就明白了。"

伙计说:"咱们事先说好,算完了我还要把你捆上。"二休点头答应,伙计就把绳子解开了。

二休在纸上边写边说:"你们店掌柜把取回来的东西分成三份,应该把东西都分完才对啊!但是 $\frac{1}{2}+\frac{1}{4}+\frac{1}{6}=\frac{11}{12}$,并不等于1,说明店掌柜不是把得来的东西全分了,他还留了一手。"

伙计瞪大了眼睛说:"真的,还缺 $\frac{1}{12}$,掌柜的耍了个心眼。"

二休又说:"更成问题的是,一共12瓶酒,$\frac{1}{12}$ 就是一瓶酒。店掌柜存心把那瓶特制桂花陈酒给自己留下,只分给你两瓶普通白酒。"

"没门儿!"伙计急了,

他涨红了脸说:"不成,我要找掌柜的算账去!"伙计掉头看看捆着的小诸葛,又有点犹豫。

二休从伙计手中夺过木棒说:"不要紧,我替你看着他。如果你去晚了,店掌柜在路上把桂花酒喝完了,你找着他又有什么用?"

看来,好酒的诱惑力战胜一切,伙计说了声:"你受累给看会儿,我马上就回来。"说完撒腿就往外跑。小诸葛和二休"扑哧"一声都乐了。二休刚要给小诸葛解开绳子,伙计慌慌张张又跑了回来。

伙计问二休:"如果掌柜的把桂花陈酒藏了起来,我怎么能让他说实话呢?"

"嗯……"二休想了一下说,"你们掌柜的信神吗?"

"哎哟,我们掌柜的可迷信了。"伙计指着墙上的财神爷像说,"他每天都给财神爷烧香磕头,愿神仙保佑他发大财。他对我说过,只要对神不说假话,要什么,神仙就能给什么。"

"我给你想个办法,可以让掌柜的说实话。"二休拿出一个小口袋,里面装有16个小玻璃球,其中白球7个,黑球6个,红球3个。二休说:"既然掌柜的对你说过,只要对神不说假话,要什么,神仙就能给什么。你就对掌柜的说,这16个小玻璃球是宝球,是神仙赐给他的。其中有3个红球是最值钱的,只要他说真话就能抓到它们。你

就让他从口袋里一次抓出三个球,要求三个都是红球。如果他能一次抓出三个红球,就证明他说了真话;如果抓出的三个球中有白球和黑球,就肯定他说了假话。"

"好主意。"伙计接过口袋,撒腿就跑。

二休很快把捆小诸葛的绳子解开,说:"咱俩快跑吧!"

小诸葛摇摇头说:"不行。咱俩在这里人生地不熟,跑不了多远还会被捉回来。"

小诸葛指指上面说:"先到顶棚上躲一躲。"他写了个纸条放在桌子上,然后两人爬上了顶棚藏了起来。

小诸葛小声问:"你说店掌柜能抓到那三个红球吗?"

"可能性太小了。"二休眨巴着眼睛说,"我看过一本数学课外书。书上说,16 个小球中只有 3 个红球,当每次抓 3 个小球时,要抓 560 次才可能有一次抓到 3 个红球。"

"嘘,有人来了。"小诸葛和二休都不说话了。

智叟国王一进屋就见到地上的绳子,忙问:"两个小家伙呢?"

店掌柜向四周张望问:"我的伙计呢?"

"掌柜的,我在这

儿。"伙计从外面跑进来劈头就问,"你把那瓶桂花陈酒藏到哪儿去了?"

"什么桂花陈酒?"店掌柜被问得直发愣。

伙计生气地说:"我知道你不会说真话。这样吧,我这口袋里有7个白球、6个黑球和3个红球。只要你说真话,财神爷会赐给你3个红球。那可是3个红宝球啊!你如果能一次抓出3个红球,就证明你说了真话,没藏桂花陈酒;假如你抓不出来,就证明你说了假话,把酒藏起来了。"

店掌柜先向神做了祈祷,然后从口袋里抓出3个小球,一看是二白一黑;他把球放进去又抓了一次,嘿!是二黑一白。

"你把桂花陈酒藏哪儿去了?"伙计拉着店掌柜的要拼命。

"住手!"智叟国王厉声说:"你上了他们的当,抓出3个红球的可能性太小了。还不赶快给我去追人!"

湖心岛上的小屋
HUXINDAOSHANGDEXIAOWU

智叟国王要叫大家都去追小诸葛和二休,可是他俩向哪个方向跑了呢?

麻子连长发现桌子上有一张纸条说:"看,他俩留下一张纸条。"纸条是写给伙计的:

我俩出去一会儿,可按画的图来找我们。黑圈是"聪明人饭店",你一笔画出4条相连的直线段,恰好通过9个圆圈,你画出最后一条线段的方向,就是我们走的方向。

"我画一画。"伙计用笔在图上画了半天,也没按要求画出4条相连的直线段。店掌柜和麻子连长也画了好多图,都画不出来。

智叟国王冷笑了两声说:"一群蠢才!你们非把拐弯的地方画在圆圈上,这怎么能成?可以在圆圈外面拐弯,你们把图旋转45°角再画,就容易多啦。"

智叟国王先把图向左旋转45°,连出4条线段,最后一笔方向朝下;然后又向右旋转45°,连出4条线段,最后一笔也是方向朝下。

伙计说:"好啦!地图上的方向是上北下南,左西右东,两张图的最后一笔都方向朝下,他俩一定是朝南边逃跑了,快去追!"说完,伙计就要朝南追。

"回来!"智叟国王喝道,"我把图都旋转了45°,难道向下还是正南吗?"

"噢,明白了。一个方向是指向东南,一个方向是指向西南。这么说,他俩可能向东南方向跑了,也可能向西南方向跑了。"伙计弄明白了。智叟国王决定:他和店掌柜带着两个卫兵向东南方向追;麻子连长和店伙计带着两个卫兵朝西南方向追。

店掌柜问:"国王陛下,你们追那两个小孩,为什么还要我和伙计也一起去?店里没人看门,烧饼丢了怎么办?"

智叟国王两眼一瞪说:"叫你们两人去,是因为你俩熟悉这一带地形。丢几个烧饼又算得了什么!"

店掌柜不敢再说什么了,乖乖地跟着智叟国王朝东南方向追去。他们追了半天也不见个人影。这时,天阴了,雪花飘落下来,一会儿,地上、树上都是白茫茫的一片。又追了好一会儿,智叟国王突然停住了。

店掌柜问:"国王,你怎么不走啦?"

智叟国王说:"他俩没从这条路上走。"

店掌柜有点莫名其妙,他又问:"你怎么知道的?"

"雪地上连个脚印也没留下,难道他们能飞?咱们回去找麻子连长去。"说完智叟国王掉头就往回走。走了一段时间,发现地上有一串脚印。店掌柜仔细辨认了一番,高兴地说:"这里有店伙计的脚印,他穿的是布底鞋。"

脚印一直伸向一座大院子的门口,两人带着卫兵顺着脚印追进了院子。院子里有个圆形湖,湖心岛上有间房子。湖上没有桥,有两条小船。一条小船有桨,停靠在湖心岛;另一条小船没有桨,停在湖边。

店掌柜指着湖心岛上的房子说:"那条有桨的船停在湖心岛,说明有人划着船到岛上去了。可是,湖边这条船没有桨啊!"店掌柜在周围转了一圈,居然找到了一大段绳子。

店掌柜高兴地对智叟国王说:"有了绳子,你坐在船上我就可以把你拉过去。"

"是个办法。"智叟国王坐在船上,拉住绳子的一头,店掌柜拉着绳子的另一头,沿圆形湖岸跑。当跑到 B 点时,绳子已经被拉直了,可是小船并没有靠到小岛上。

店掌柜大声喊道:"坏了,

绳子不够长怎么办?"智叟国王坐在船上想了想说:

"你用力拉绳子,我叫你停,你马上停。"

"好吧!"店掌柜用力拉绳子,船慢慢向 B 点靠拢。当船走到离湖心岛比较近的 C 点时,国王大叫停住。

智叟国王又让店掌柜沿着圆形湖继续向前跑,一直跑到 D 点,然后从 D 点再拉绳子,船慢慢靠拢了湖心岛。

智叟国王下了船,掏出手枪悄悄向那间屋子靠近。他抬起一脚把屋门踢开,大喊:"藏在屋里的人快出来!不出来,我就开枪啦!"

"我投降!我投降!"麻子连长和店伙计高举双手,从屋里走了出来。

智叟国王吃惊地问:"怎么是你俩?小诸葛他们呢?"

麻子连长双手一摊说:"压根儿没看见。"

"上当啦!"智叟国王用力一拍大腿说,"小诸葛对这一带不熟悉,留下纸条是有意让咱们给他俩领路的。看来,他俩不在前面,而是跟在咱们的后面!"

麻子连长着急地问:"那可怎么办?"

智叟国王眼珠一转,恶狠狠地说:"没跑出去就好办,我一定能抓住他俩!"

LUORUQUANTAO

智叟国王对大家说:"你们看,雪地上他们连个脚印都没留下,可以肯定他俩没走在咱们的前面,而是跟在后面,踩着咱们的脚印走啊!不信,你们可以回去查看一下脚印。"店伙计一溜小跑回去查找,果然在雪地上发现了两双陌生的脚印。

麻子连长拔出手枪说:"咱们顺着他俩的脚印去找,还怕抓不着他俩!"

"不,不。"智叟国王连连摇头说,"小诸葛和二休是两个聪明过人的孩子,硬搜,恐怕不成。"

"那怎么办?"麻子连长还真着急。

智叟国王用食指在空中划了个圈儿说:"我要设计一个圈套,让他俩自投罗网。咱们走吧!"

"走?往哪儿走?"店掌柜弄不清这葫芦里卖的什么药。

"回智人城!"说完智叟国王径直向智人城走去。

这智人城是智人国的首都,正方形的小城墙上,每边

都有6名士兵守卫。小诸葛和二休远远跟在智叟国王的后面,来到了智人城下。智叟国王等一伙人,直接进了智人城。可是,小诸葛和二休却不敢贸然往城里走,他俩先围着城转了一圈儿。

二休小声对小诸葛说:"我数了一下,每边都有6名士兵。"

忽然,城楼上响起了嘹亮的号声,守城的士兵该换岗了。小诸葛发现守城的士兵好像有些变化,就捅了一下二休说:"你看,守城的士兵好像多了!"

二休围着城又转了一圈,由于城很小,不一会儿就转完一圈,二休说:"没多呀!还是每边6名士兵,只是站法不同了,原来是每两个人站在一起,现在站成一排。小诸葛,如果士兵多了又怎么啦?"

"如果士兵多了,说明他们加强了防范,这表明智叟国王已经发现咱们跟在后面了。"小诸葛狠了狠心说,"不入虎穴,焉得虎子。咱俩闯进去。"两个人混在人群中往城里走。小诸葛边走边往城上看,突然,他愣

住了。

二休忙问:"你看见什么了?"

小诸葛见周围的人挺多,没有说话,低着头走进了智人城。他俩刚刚进城,城楼上响起一阵锣声,四方城门同时关闭,全城戒严了。

"二休,我刚才看见城上的士兵中,有一个长得像智叟国王。"小诸葛问,"你记得刚才城上的士兵是怎样站法的吗?"

"记得。"二休在地上画了个士兵站岗图。

小诸葛点点头说:"这就对了。实际上守城的士兵多出了4名,估计是智叟国王、麻子连长、店掌柜和伙计4个人化装成士兵,站在城上监视咱俩的行动。"

"每边还是6名士兵,怎么会多出4个人呢?"二休没弄明白。

小诸葛指着图说:"站在城角的士兵,比如站在城东北角的两名士兵,当你数北边的士兵时包括他俩,当你数东边的士兵时还包括他俩,所以这些士兵都数了两遍。"

"噢,我明白了。"二休说,"把城角上的士兵从2人减为1人,还要保持每边6名士兵,士兵就必须增加4个人,从原来的16人变成20人。"

数学智斗记

正说着,麻子连长穿着士兵服装,领着几名士兵朝这边走来。

"麻子连长!"小诸葛小声说了一句,拉着二休朝别的路走去。

迎面来了一队士兵,领头的是店掌柜,他也穿着士兵服装。小诸葛和二休扭头上了一座桥。

"站住!出示你们的证件!"一名年轻的军官领着两名士兵在检查证件。

小诸葛一摸口袋说:"哎呀,我证件丢了。"

"丢了?"年轻军官用怀疑的目光打量小诸葛说,"你怎么能使我相信,你说的话是真的呢?"

小诸葛双手一摊说:"随便你用什么方法。"

年轻军官想了想说:"这样吧,我用智叟国王教的方法,测试你说的是真话还是假话。"

小诸葛道:"你具体说说。"

年轻军官从口袋里掏出一张白纸,裁成5张同样大小的纸条。他举着纸条说:"我在每张纸条上写一个字,有的写'真'字,有的写'假'字。你抽出写'真'字的纸条,我就相信你说的是真话;如果抽出写'假'字的纸条,就说明你在撒谎!"

年轻军官躲在一旁,在5张纸条上都写了个"假"字,叠好以后让小诸葛来抽。

小诸葛随手抽了一张,打开一看,高声地说:"上面写的是'真'字。"年轻军官一愣,小诸葛随手把纸条揉成一团扔进了河里。

年轻军官生气地问:"怎么给扔掉了?谁能证明纸条上写的是'真'字?"

小诸葛笑着将剩下的4张纸条都拿了过来,打开一看,上面都写着"假"字。小诸葛说:"看,剩下4张纸条上都写着'假'字,这证明我抽走那张一定是写着'真'字。我想,你不会把5张纸条都写上'假'字来骗我吧?"

"这……"年轻军官张口结舌,不知说什么好。

"哈哈。"突然有人在后面说,"你这骗普通孩子的玩意儿,怎么能骗得了小诸葛呢?"

小诸葛和二休回头一看,啊!是他!

智力擂台 ZHILILEITAI

小诸葛和二休被骗进智人城,在大桥上被智叟国王捉住了。

智叟国王向全城人宣布:"今天晚上在皇宫门前进行智力擂台赛,特邀请小诸葛和二休参加比赛。智人城的全体居民都要参加打擂。"

晚上,随着一阵嘹亮的号声,智力擂台赛开始了。智叟国王宣布比赛的方法:任何人都可以上台提出问题,出题人可以指定某人来回答。如果一个人连续三次都答对了,他的任何要求都能得到满足;如果答错一次,将被狠抽一顿皮鞭。

麻子连长第一个跳上了台,他也不知从哪儿学来一套扑克牌游戏,想在这里露一手。他从口袋里掏出13张红桃扑克牌,点数是从1到13(其中J、Q、K分别代表11、12、13)。他深知小诸葛的厉害,不敢叫小诸葛。他觉得二休可能差一点,就点名叫二休上台来回答。

麻子连长把13张扑克牌交给二休,让二休随意洗牌,

并且记住其中一张牌。

麻子连长对二休说:"你把刚才记住的那张牌的点数乘以2,再加上3,然后乘以5,最后减去25。把最后的得数告诉我,我能立即找出你所记住的那张扑克牌。先告诉我,你运算的结果是多少?"

二休说:"结果是60。"

麻子连长立即抽出红桃7,向上一举说:"你默记的那张牌是红桃7,对不对?"二休点点头说:"对。"台下一片欢腾。

麻子连长得意地问:"你知道这里面的道理吗?"

二休笑着对麻子连长说:"你这是来蒙小孩子的吧!其实你心里早记住一个公式:

$$10x - 10 = 运算结果$$

比如,我说结果是60,由 $10x - 10 = 60$,可得

$$10x = 70$$

$$x = 7$$

这 x 的值就是我默记的点数。我说得对不对?"

麻子连长抹了一把头上的汗水:"可是,我没让你乘10、减10呀!"

二休说:"这里你耍了个小心眼儿。你让我把数乘以2,再加上3,再乘以5,减去25。设点数为 x,把上面的运算写出来就是

$$(2x+3) \times 5 - 25$$
$$= 10x + 15 - 25$$
$$= 10x - 10$$

简单一算,你就露了馅啦!"

麻子连长脸一红,连话也没说就跳下了台。突然,一个人跳上了台,二休一看,原来是"聪明人饭店"的店掌柜。

"我来给你出一个买大饼的问题。"店掌柜说,"一天,有10个人到我店买大饼,每人买的大饼数中都有'8'字,他们总共买了100个大饼。你说说,他们每人都买了几个大饼,快算!"

二休不慌不忙地说:"一种可能是有9个人每人买了8个大饼,剩下的一个人买了28个大饼;还有一种可能是,有8个人每人买了8个大饼,剩下的两个人每人买了18个大饼。"

店掌柜吃惊地问:"你怎么算得这么快?"

"您想啊!"二休说,"每人至少要买8个大饼吧?总共是80个大饼,这时还多出20个大饼。这时有两种可能:一种可能是20个大饼又都被其中的1个人买去了,这样,有9个人各买了8个大饼,1个人买了28个大饼;

还有一种可能,是20个大饼分别被两个人买去了,这样,有8个人各买8个大饼,两个人各买了18个大饼。"

"对,对。"店掌柜刚要下台,二休笑着对台下说:"有一点要提醒大家,吃他做的大饼可要留神,他大饼里放了蒙汗药,吃了就会人事不知啦!"台下一阵哄笑,店掌柜赶紧溜下了台。

"看我的!"声到人到,店伙计一个箭步蹿上了台。店伙计大声嚷道,"我就不信考不倒你,看我给你出道难题吧!"

突然,有人喝道:"下去!"店伙计回头一看,智叟国王不知什么时候也上了台,智叟国王冷冷地对店伙计说,"如果你出的第三个问题难不倒他,他要你的脑袋,你肯给吗?"

"这……"店伙计抱着脑袋跑下了台。

智叟国王皮笑肉不笑地说:"二休果然聪明过人,不过我出的第三个问题,不是你回答得了的!"

二休笑了笑说:"那就试试吧。"

智叟国王一招手,走上两个长得一模一样的少年。智叟国王对二休说:"这是一对孪生兄弟,长得可以说是分毫不

差。可是这两个人却有一点差别,有一个专门说假话,另一个专门说真话。"

智叟国王用眼睛盯了二休一阵子,又说:"我知道你很想回国,你回国的通行证就在我的口袋里。这一对孪生兄弟都知道通行证放在我的哪边口袋里。你只能问他们一句话,要问出究竟在哪边口袋里。"

"这个……"这个问题可真叫二休犯了难。

"怎么样啊!如果答不出来,就算答错一次。按着擂台的规矩,你可要吃一顿皮鞭啦!"智叟国王一边说,一边从腰上解下一条皮鞭子。

二休用两处手指在头上反转了两个圈儿,说了声:"有啦!"

二休对孪生兄弟中的一个问道:"如果由你兄弟回答'通行证放在哪边口袋里?'他将怎样回答?"

这个少年说:"他会说通行证放在左边口袋里。"

二休高兴地说了声:"好极啦!"接着他以极快的动作从智叟国王右边口袋里掏出了通行证。

智叟国王大惊失色,忙问:"你怎么知道通行证一定在我的右边口袋里?"

二休笑着说:"一个说真话,一个说假话。把一句真话和一句假话合在一起,一定是一句假话。肯定了'放在左边口袋里'是假话,那么通行证一定放在右边口袋里喽!"

智叟国王脸色突变,大喊:"来人!"

打开密码锁

智力擂台上,二休一连答对了三个问题,并从智叟国王的口袋里拿出了回国通行证。正在这时,智叟国王突然叫来两名士兵,用铁锁把二休的双脚锁在了一起。

小诸葛跳上了台,气愤地问:"你把他的双脚锁起来,叫他怎样回国?"

"哈、哈……"智叟国王一阵狂笑说,"你应该帮助他回国呀!通行证上写的是你俩的名字。至于回国的路线么,通行证上也写得清清楚楚。"

智叟国王指着二休脚上的锁说:"这是把密码锁,密码是由六位数字 $1abcde$ 组成。把这六位数乘以 3,乘积就是 $abcde1$,你们可以算算这个密码是多少。不过,你们要注意,算对了就能打开锁。如果算错了,拨错了密码,锁会变得非常紧,二休的脚就要被夹坏呀!"

小诸葛问:"可以走了吗?"

智叟国王右手向前一伸说:"请!"

小诸葛也没搭话,背起二休就走。按照通行证上所标的路线,来到了一条大河边。河上架着一座用绳子绑成的木板桥,桥还挺长,中间用几根木柱支撑着。桥边立着一片木牌,上写:此桥最多承重 50 公斤。

小诸葛把二休放到了地上,擦了把汗问:"二休,你有多重?"

二休回答:"35 公斤。"

小诸葛说:"我 40 公斤,看来我背着你过桥是不行了。"

二休说:"小诸葛,你先回中国吧。叫你背着我走,你的负担太重了。"

"哪儿的话!"小诸葛笑着说,"我怎么能把你扔下不管呢!"

小诸葛在桥边来回遛了两趟,突然他双手一拍说:"有主意啦!"小诸葛解开绑桥板的绳子,拆下一段桥板,又用绳子的一头拴住木板,让二休平躺在木板上。

小诸葛跳到水里游一段,又爬上木桥,他用绳子拉着木板一同往前走,很快就把二休拉过了河。

二休高兴地说:"利用水的浮力,你把我拉过了河。"

小诸葛一拍大腿说:"嘿!咱俩可真糊涂。把密码锁打开,不是一切问题都解决了么!"

二休说:"这要算半天哪!密码的六位数字是 $1abcde$,乘 3 之后得 $abcde1$,可以列个竖式。$e \times 3$ 的个位数是 1,只有 $7 \times 3 = 21$,e 必定是 7;由于 2

1在十位上进了2,这样 $d\times 3$ 的个位数必定是5,那么 d 一定是5;同样可以推算出 $c=8$、$b=2$、$a=4$。"二休在地上写了几个算式:

$$\begin{array}{r}1abcde\\ \times\quad 3\\ \hline abcde1\end{array} \Rightarrow \begin{array}{r}1abcd7\\ \times\quad 3\\ \hline abcd71\end{array} \Rightarrow \begin{array}{r}1abc57\\ \times\quad 3\\ \hline abc571\end{array}$$

二休高兴地举起双手说:"哈哈,我算出来啦!密码是142857,我来把锁打开。"说完二休就要开锁。

"慢,"小诸葛说,"如果算错了,可就糟啦!铁锁会越夹越紧。这样吧,我再用列方程的方法算一遍,看看得数是否一样。如果一样了再开锁也不迟。"

小诸葛在地上边算边写:

设 $abcde=x$

那么 $1abcde=100000+x$

因为 $abcde1=10\times abcde+1=10x+1$

可列出方程 $3\times(100000+x)=10x+1$

展开 $\quad 300000+3x=10x+1$

$$7x=299999$$

$$x=42857$$

所以 $1abcde=142857$

二休高兴地说:"结果一样,没问题啦!"

小诸葛小心地把密码拨到142857,只听"咔哒"一响,锁打开了。两人非常高兴。

二休说:"咱们应该打听一下,回中国和日本怎样走法。"

忽然听到有人在低声哭泣,两人循声寻去,发现一个老泥瓦匠守着一大堆方砖在哭。

小诸葛问:"老大爷,您有什么难事?"

老泥瓦匠指着一堆方砖说:"这里有 36 块方砖,每 6 块为一组,分别刻有 A、B、C、D、E、F 等字母。"

二休看了看这堆砖说:"对,每块砖上都刻有一个字母。"

老泥瓦匠又说:"智叟国王叫我用这些方砖铺成一块方形地面。要求不管是横着看,还是竖着看,都没有相同的字母。我铺了半天也没铺出来,下午再铺不出来,智叟国王就要杀我全家!"

小诸葛安慰他说:"您不用着急,我们替您摆一摆。"

小诸葛先把 6 块刻有 A 的方砖沿对角线放好;二休把 5 块刻有 B 的方砖也斜着放,第 6 块 B 砖放在左下角。两个人你摆 6 块,我摆 6 块,不一会儿就摆好了。

A	B	C	D	E	F
F	A	B	C	D	E
E	F	A	B	C	D
D	E	F	A	B	C
C	D	E	F	A	B
B	C	D	E	F	A

老泥瓦匠非常感谢说:"你们真聪明!看来要按着一定规律摆,乱摆是不成的。"

小诸葛刚想打听一下路,两匹快马奔驰而来。

巧过迷宫

两匹快马急速奔来,临近才发现马上是两个蒙面人。第一个蒙面人弯下腰把二休夹上了马,小诸葛刚想上前去抢救二休,第二个蒙面人举起马鞭子"啪"的一声,把小诸葛抽倒在地,两匹马一溜烟似地跑了。

小诸葛强忍鞭伤的疼痛,心想:"这两个蒙面人会是谁呢?如果是智叟国王,他为什么只抓走了二休,而不抓我呢?"

话分两头,再说二休被两个蒙面人挟持马上,两匹马,一先一后直奔一座高山。跑到一条山涧前,停了下来。两个骑马人除去蒙面,原来是麻子连长和智叟国王。

智叟国王哈哈大笑说:"你就是神通广大的孙悟空,也逃不出我如来佛的手心。二休,咱们又见面了。"

二休愤怒地说:"你身为一国

之主,怎么总是说话不算数!你说好了放我和小诸葛走,怎么又把我抓回来了?小诸葛在哪儿?快告诉我!"

"嘿嘿……"智叟国王一阵冷笑说,"谁也没说不放你走啊!你回日本,小诸葛回中国,你俩不可能走同一条路。我是怕你走错了路,特带你走这条近道,你看下面。"智叟国王让二休探头向山涧下面看,二休探头一望,吓得倒吸了一口凉气,好深的山涧啊!下面云雾缭绕,深不可测。

智叟国王冷笑着说:"过了这个山涧,你就可以抄近道回日本了。这个山涧有6米宽,可惜上面没有架桥。"

二休问:"没有桥,叫我怎么过山涧?"

"嗯……我要做到仁至义尽。给你两块木板,想办法搭座桥吧。"智叟国王说完叫麻子连长给二休扛来一长一短两块木板。

二休先用那块长木板试了试,不够长,就是放在最窄的山涧处,也还差半米,够不着对岸。想把长短两块木板接起来,可是又没有绳子来捆。二休犯了难。

智叟国王幸灾乐祸地说:"过不了山涧,你就回不了国。你可别埋怨我不放你回国。"

二休沿着山涧往前走,突然发现有一个拐角的地方。二休一拍后脑勺说:"有啦!"

二休先把短木板横放到拐角处,然后把长木板的一端放到短木板上,另一端正好放到对岸,二休飞快地从木板

上跑过了山涧。过了山涧,二休很快把长木板抽掉,防止智叟国王和麻子连长跟着过来。

"果然聪明!"智叟国王点点头说,"你一直往前,就可以到日本国了。"

"我才不相信你的鬼话哪!"二休愤愤地说,"你从来就没有这么副好心肠!不过,咱们走着瞧吧!"说完,二休头也不回地向山下走去。

二休边走边琢磨,往前走肯定不是日本,可是我应该往哪儿走呢?对,回去找小诸葛去。把我和小诸葛分开,这是智叟国王耍的诡计。想到这儿,他沿着山道往回走。

走着走着,前面出现一堵墙,中间开有一个大门,门上写有四个字——有来无回。

"有来无回?这是什么地方,这名字怎么这样吓人哪?"二休想绕道走,可是左右都没道路可走。

"哼,别说是'有来无回',就是'火海刀山'我也要闯一闯!"二休径直往大门里走去。可是往里没走几步又赶紧退了回来,他看到里面枝枝权权,道路很多,明白了这是一座迷宫。

提到迷宫,二休就想起了古希腊神话中提修斯除妖的故事:传说,古希腊克里特岛的国王叫米诺斯,他的妻子生下一个半人半牛的怪物叫米诺陶。王后请当时最著名的建筑师代达罗斯建造了一座迷宫。迷宫里岔路极多,

进入迷宫的人很难走出来,最后都被怪物米诺陶吃掉。雅典王子提修斯决心为民除害,要杀死米诺陶。提修斯来到克里特岛,认识了美丽、聪明的公主阿里阿德尼。公主钦佩王子的正义行动,她送给王子一个线团,告诉王子把线团的一端拴在迷宫的入口处,然后边放线边往迷宫里走。公主还送给王子一把斩妖剑,用这把剑可以杀死怪物米诺陶。在公主的帮助下,王子提修斯勇敢地走进迷宫,找到怪物米诺陶,经过一番激烈的搏斗,终于杀死了怪物,然后沿着进迷宫时所放的线,很快走出了迷宫。

二休想到了提修斯进出迷宫的方法,可是手里没有线团怎么办?他一摸身上,自己穿着一件毛背心。把毛背心拆开,不就有线了么!想到这儿,二休很高兴,把毛背心拆出一个头来,把拆出来的毛线拴在大门口。二休往大门里走,随着他往前走,毛线不断从毛衣上往下拆。

二休走了一段路又停下了。他想,有了毛线作标记,只能保证我退回原路,可是我的目的不是退回来,而是要穿过这座迷宫呀!二休想了一下,给自己立了两条规则:(1)碰壁回头走;(2)走到岔路口时,总是靠着右壁走。按着这两条规则二休终于走出了迷宫。

出了迷宫再往哪儿走呢?二休正踌躇不前,前面突然传来阵阵哭声。

熟鸡生蛋

二休循声走过去一看,是一个脚夫打扮的少年。看年龄也只有十一二岁,头上围着一条花格头巾,腰上缠着腰带,腰上还插着一根鞭子,这位小脚夫坐在一块石头上不停地哭。

二休走过去拍了一下小脚夫的肩头问:"小老弟,有什么难事解决不了啊?"

小脚夫抬头看了二休一眼说:"你的年龄比我也大不了多少,告诉你也没用!"

二休摇摇头说:"我看不是这个理儿。多一个人就多一份智慧嘛!说说看。"

小脚夫抹了一把眼泪说:"前几天我赶着头毛驴路过'红鼻子烧鸡店'。店掌柜外号叫红鼻子,他非拉我进店吃烧鸡不可。"

二休问:"你吃他的烧鸡没有?"

"吃了。红鼻子说,鸡不论大小,一律一元钱一只。可是我吃完了一只烧鸡一摸口袋,呀!忘带钱了。"

"没带钱怎么办?"

"红鼻子掌柜说,没带钱不要紧,先记上账,有钱再还。"

"红鼻子掌柜还真不错!"

"哼,什么不错呀!他可把我害苦啦!"小脚夫忿忿地说,"过了几天,我去烧鸡店还钱,红鼻子拨弄了一阵算盘说,我应该还他40元钱!"

二休也惊呆了,他问:"不是一只烧鸡一元钱吗?你吃了他一只烧鸡,怎么要你40元钱呢?"

小脚夫说:"是呀,我也是这么问他,他回答说,假如那天我不吃那只鸡,几天来那只鸡少说也能生3个蛋,这3个蛋能孵出3只小鸡,3只小鸡长大,每只下3个蛋,共下9个蛋,孵出9只小鸡,小鸡长大再生蛋,就能孵出27只鸡来。你要不吃我那只鸡,我该有:

1 + 3 + 9 + 27 = 40 只鸡,

一只鸡一元,40只不就是40元么!"

二休关心地问:"那后来呢?"

小脚夫说:"红鼻子蛮不讲理,非叫我给他40元不可,没办法,我只好给了他。你要知道,40元是我半年才挣得的钱啊!"

"实在是太欺负人了。"二休想了一下说,"你手里还有钱吗?"

"还有两元。"小脚夫从口袋里掏出仅有的两元钱。

"借我用一用。"二休拿着两元钱直奔"红鼻子烧鸡店"。

二休进了烧鸡店,对红鼻子说:"掌柜的,我要买鸡,给你两元钱,晚上我来取烧鸡。"

红鼻子满脸赔笑说:"行,行!晚上一定给您准备好上等烧鸡。"

傍晚,二休带着小脚夫走进"红鼻子烧鸡店",红鼻子赶忙拿出两只烧鸡递了过来。

红鼻子笑眯眯地说:"这是您买的两只烧鸡,您看看怎么样?"

二休把脸一绷问:"怎么就两只鸡?"

红鼻子说:"一元钱买一只鸡,你给我两元钱,不是买两只鸡么?"

"我说掌柜的,你可弄错了。"二休一本正经地说,"我给你的那两元钱,和一般钱可不一样,它可以生钱呀!"

"钱能生钱?"红鼻子瞪大了眼睛。

二休说:"对。我

往少里说，每一元钱生一次钱就不再生了。我给你两元钱，过一小时一元钱能生出3元钱，两元就能生出6元；再过一小时这6元就生出18元；过了3小时，这18元又生出54元。把这些钱加在一起是：

2 + 6 + 18 + 54 = 80元，

80元能买80只烧鸡才对呀！"

红鼻子的脸由鼻子往外扩散得越来越红，他气急败坏地说："你这是讹诈，谁见过钱生钱的？"

二休也不客气，大声对红鼻子说："你才是真正的骗子！谁见过煮熟的鸡能生蛋的？"

小脚夫走上前，指着红鼻子说："既然煮熟的鸡能生蛋，那钱也能生钱呀！"

围观的群众纷纷指责红鼻子骗人。红鼻子自知理亏，连忙退还给小脚夫39元钱。二休摆摆手说："我订的那两只鸡也不要了，退给我两元钱。"红鼻子只好点头同意。

小脚夫拿了39元钱非常高兴，刚想走，红鼻子说："慢走，小脚夫，我这儿有桩买卖。"

路遇艾克王子
LUYUAIKEWANGZI

二休和小脚夫分手后,他一个人往回走,一心要找到患难朋友小诸葛,由于天还不亮,二休在路口突然被什么东西绊了一下。

"哎哟!"有人喊了一声。

二休仔细一看,一位衣着华丽的少年坐在路旁。二休赶紧说:"真对不起,请原谅!"

"不,是我绊了你一下。应该是我说对不起。"少年站起来,拍了拍裤子上的土。

二休上下一打量,这个少年穿戴不凡。只见他,头戴王子冠,上身穿猩红色的将军服,下身穿带宽边的绿色元帅裤,足蹬高筒马靴,身后披着金黄色的斗篷,活像一个电影里的王子。

二休向少年鞠躬说:"我是

日本人,叫二休,请多关照!"

少年连忙还礼说:"我是诚实王国的艾克王子,诚实王国和智人国是邻居,我是被智叟国王骗来的。"

"你也是被骗来的?"二休问。

艾克王子说:"今天早上,智叟国王约我去打猎,把我带到这个荒郊。突然,智叟国王叫麻子连长抢走了我的枪,强迫我给他算一道题。"

二休问:"什么题?"

艾克王子回答:"智叟国王出了这样一道题:我把前天打的狐狸总数的一半再加半只,分给我的妻子;把剩下的一半再加半只,分给大王子;剩下的一半再加半只分给我的二王子;把最后剩下的一半再加半只分给公主,结果是全部分完。你说说,每人都要分得整只狐狸,该怎么办呀?"

二休忙问:"你是怎样给他分的?"

"我……我没分出来。"艾克王子说,"智叟国王见我分不出来,就嘿嘿一阵冷笑,挖苦我说,连这么一道简单的题目你都做不出来,还有资格继承王位?你的国家归我吧,你就留在这荒郊野外,等着喂狼吧!说完智叟国王和麻子连长就一同骑马走了。"

"智叟国王实在太坏啦!"二休关心地问,"你准备怎么办?"

"嗯……我准备先把智叟国王出的题算出来!"艾克

王子的回答，有点出乎预料。

"好，我来帮你计算这道题。"二休说，"你想想，由于每人分得的狐狸必须是整数，而每次都需要加半只才能得整数，说明每次要分的数一定是个奇数。"

"对。往下又该怎样想？"

二休说："这类问题应该倒着推算。由于'把最后剩下的一半再加半只分给公主，就全部分完了，'所以公主得到的一定是1只。再往前推，智叟国王的二儿子得2只；大儿子得4只；他妻子得8只。总共是：

$$1 + 2 + 4 + 8 = 15 只$$

也就是说，总共有15只狐狸。"

"噢，原来要倒着算哪！"艾克王子明白啦。

二休又问："题目做出来了，你还准备干什么？"

艾克王子想了一下说："我想回祖国了。二休，我邀请你到我们诚实王国做客，好吗？"

"我还要找到我的中国好朋友小诸葛哪！"二休有些犹豫。

艾克王子坚持要二休先

去诚实王国,再去找小诸葛,二休只好答应。

去诚实王国的路两人都不认识。正在发愁,前面走来了一个老头,他头戴破草帽,草帽压得很低,把眉毛都遮住了。眼睛上架着一副墨镜,留着络腮胡子,穿着一件破大衣,手里拿着一根木棍,像是要饭的。

艾克王子走上前问:"老人家,去诚实王国怎么走啊?"

老人头也不抬地说:"先往东走一大段,再往北走一小段,就到了。"

艾克王子又问:"向东、向北各走多远啊?"

老人先是一阵冷笑,接着说道:"大段和小段之和是16.72千米;把大段千米数的小数点向左移动一位,恰好等于小段的千米数。具体是多少,自己算去吧!"说完,老人头也不回地走了。

二休摇晃着脑袋说:"这个老人的声音真熟!"

会跑的动物标本

艾克王子说:"你快把这两段路算出来吧!"

"好的。"二休说:"把大数的小数点向左移一位等于小数,说明大数一定是小数的10倍。大、小数合在一起,一定是小数的11倍。这样,就可以求出两段路程了:

小段路程:16.72÷11 = 1.52千米;

大段路程:16.72 - 1.52 = 15.2千米。"

"好啦。咱们先向东走15.2千米,再向北走1.52千米,就到家了。"艾克王子说完,拉起二休就走。

两人走得也快了些,不到中午,两人就走完了全程。艾克王子向周围一看,这里根本不是诚实王国。

两人正觉得奇怪,忽听一声炮响,一发炮弹在他们不远处爆炸。两人赶紧趴在地上。

两人回头一看,是刚才那个要饭的老人。只见他站在一门大炮旁边,而麻子连长正指挥士兵往大炮里填炮弹。

要饭老人把破草帽、大胡子、破衣服都脱下来,原来他是智叟国王化装的。智叟国王把手向下一挥,喊了声:

"放!"只听"轰"的一声,又一发炮弹打了过来。

麻子连长挥动着双手大叫:"哈,你们俩完了。快把脖子伸长等死吧!"

炮弹不断在二休和艾克王子周围爆炸。艾克王子问:"咱们怎么办?难道在这里等着让他们打死?"

二休说:"大炮只能往远处打,打不着近处。咱俩向大炮冲去!"说着两人向大炮冲去。

智叟国王一看二休及艾克王子冲上来了,大喊:"大炮打不着他俩了,快跑!"

智叟国王、麻子连长和两名士兵分散跑走了。

"追谁?"艾克王子问。

"追智叟国王!"二休快步向智叟国王追去。

智叟国王跑得还挺快,左一拐右一拐就跑进了一座动物园。二休和艾克王子追进动物园一找,智叟国王没了。两人在动物园里转了两圈,也没看见智叟国王的影子。

他俩来到动物园的售票处,隔着小门问售票员:"你

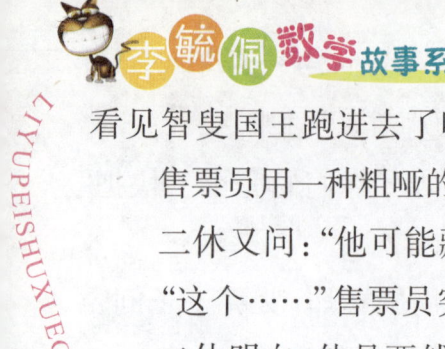

看见智叟国王跑进去了吗?"

售票员用一种粗哑的声音回答说:"看见他跑进去了。"

二休又问:"他可能藏在哪儿?"

"这个……"售票员突然把手伸了出来。

二休明白,他是要钱,艾克王子从口袋里摸出一枚金币扔给了他。

售票员仔细看了看金币,才慢吞吞地说:"智叟国王藏在一个笼子里。这个笼子编号是一个三位数,这个三位数的三个数字之和为12;百位数字加上5得7,个位数字加上2得8。你们自己去找吧!"说完"吧嗒"一声,把小门关上了。

二休皱着眉头说:"这个人说话的声音怎么这么难听呀?"

艾克王子说:"可能感冒了。快算出笼子号码,抓住智叟国王要紧。"

二休说:"这个问题好算。百位数字加上5得7,那么百位数字一定得2;而个位数字加上2得8,那么个位数字一定是6;再由三个数之和

为12，可知十位数字是4。因此，笼子号一定是246号。"

艾克王子和二休开始寻找246号笼子，他俩先找到241号笼子，里面装的是长尾猴。接着往下数，242号是狼、243号是狐狸……嘿，这就是要找的246号笼子！这个笼子很大，里面什么也没有，笼子和一个大山洞相连。

艾克王子说："智叟国王可能藏在那个山洞里。"艾克王子一拉门，笼子的铁门是开着的。艾克王子更相信智叟国王刚刚跑进去。

两人同时走进笼子，悄悄地向山洞口靠近，突然，从山洞里传出一声虎啸，随后一只斑斓猛虎从山洞里蹿了出来。

"不好，咱俩又上当了！"二休拉着艾克王子就往外跑，笼子的门已经被人关上，外面还上了锁。

"哈哈，你俩让麻子连长骗进了老虎笼，这只老虎有好几天没喂食了。你俩可以使它饱餐一顿喽。"智叟国王站在笼子外面奸笑着说。

现在一切都明白了，售票员是麻子连长化装的，铁笼子的门是智叟国王从外面锁上的。然而，明白得太晚了，老虎正向他俩扑过来。怎么办？二休高喊："快往上爬！"两人顺着铁栅栏向上爬，像猴子一样吊在了铁笼子的上空。

智叟国王在外面幸灾乐祸地拍着手说："真好玩，二休和艾克王子变成猴子啦！"

智叟国王这番话,把艾克王子气得牙齿咬得"咯咯"作响。艾克王子从小习武,两臂非常有力气。他双手握住铁棍,两膀一用力,就把铁棍拉弯了,露出一个大洞。艾克王子和二休从洞口钻了出去。

智叟国王见二休和艾克王子从老虎笼里钻了出来,大惊失色,掉头就跑。两人跳下虎笼在后猛追。智叟国王在前面三晃两晃又不见了。能跑到哪儿去呢?周围的小花园,不能藏人,只有前面的"动物标本室"可以躲藏,两人推门进了标本室。

标本室陈列着许多动物的标本,大动物有大象、犀牛、长颈鹿、斑马,小动物有狐狸、鹰、金丝猴等。

两人在标本室里转了一圈,没有发现什么可疑情况。二休问:"智叟国王会不会装成动物标本迷惑我们?"

"问问清楚。"艾克王子推开"管理员办公室"的门走了进去。屋里只有一名管理员,有50多岁。

艾克王子一把揪住管理员的脖领子,厉声问道:"老实说,你们这儿有多少只动物标本?"

"我说,我说。"管理员战战兢兢地说,"你让我说出具体有多少,我还真一时说不上来。我只知道如果把15只食草动物换成食肉动物,那么食肉动物和食草动物的数目相等;如果把10只食肉动物换成食草动物,那么食草动物就是食肉动物的3倍。具体有多少,你们自己算吧!"

二休立刻说："我敢肯定,食草动物比食肉动物多30只,不然,怎么会换掉15只还能相等呢?"

艾克王子琢磨了一下说："对!当把10只食肉动物换成食草动物以后,食草动物比食肉动物多出50只,这50只恰好是剩下的食肉动物的两倍。"

二休接着说："那剩下的食肉动物就是25只啦!算出来了!

食肉动物是　25 + 10 = 35（只）；

食草动物是　35 + 30 = 65（只）。

咱俩开始数吧!"

艾克王子说："先数数食肉动物有多少只。1、2、3……正好35只,一只也不多。"

二休接着说："再数数食草动物。1、2、3……66只,嗯?怎么多了1只?"

艾克王子指着两匹斑马标本说："看,这里有两只一

样的斑马，一定有一只是假的。我用宝剑刺一下试试。"艾克王子从墙上摘下一把宝剑，用宝剑去刺一匹斑马的屁股，这匹斑

马纹丝没动，而另一匹斑马标本却撒腿就跑。它跑起来不是4条腿着地，而是两条后腿着地，像人一样地跑了。

二休大叫："哎呀，斑马跑啦！"

管理员也奇怪地说："见鬼，标本怎么活啦！"

"斑马"跑出标本室，智叟国王把斑马皮脱下来扔在了一边，他擦了一把汗说："好险，差点挨了一剑！"

艾克王子与二休追出动物标本室一看，只发现地上有一张斑马皮，智叟国王已经没影了。两人正在寻找智叟国王，"嗖、嗖"一连射来几支箭，艾克王子连忙按下二休说："冷箭，快趴下！"

攻破三角阵
GONGPOSANJIAOZHEN

谁放的冷箭？艾克王子和二休正纳闷，一阵急促的马蹄声由远及近，一队当地的土著人出现在面前。他们赤裸着上身，头上插着五颜六色的鸟的羽毛，斜背着硬弓，手里提着鬼头大刀，个个都骑着高头大马，十分威风。

为首的一个人大声说："刚才明明看见一匹斑马在这儿跑动，我们射了几箭，怎么一眨眼就变成了一张皮了呢？"

艾克王子把刚才怎样追智叟国王，智叟国王又怎样化装成斑马标本的过程说了一遍。

土著人首领听到在追拿智叟国王，也义愤填膺。他说："智叟国王歹毒至极，他连蒙带骗，强占了我们部落的大片土地，请你们带我去找他算账！"土著人首领又命士兵给让出两匹马，艾克王子和二休

每人骑一匹。

他们刚要出发,突然,"砰"的一声枪响,麻子连长骑着马,带着许多士兵包围过来。

麻子连长大笑道:"哈哈,你们都中了智叟国王的计了。你们走进了我的埋伏圈,看你们还往哪里逃!"麻子连长把手向上一挥,士兵们立刻排成两个相邻的三角形队列,麻子连长位于正中间,很是整齐。

听了麻子连长的一番话,土著人首领气不打一处来,他挥舞手中的鬼头大刀,大吼一声:"弟兄们,咱们跟他拼了,跟我往前冲!"

二休赶紧把土著人首领拦住。二休说:"首领,不能硬拼,俗话说'知己知彼,才能百战百胜'。我们要探探他们有多少士兵,然后再进行攻击。"

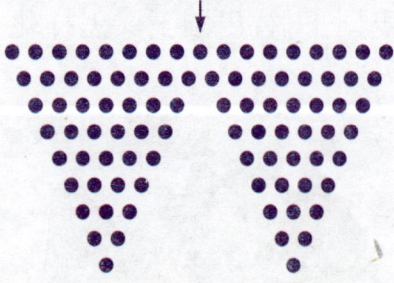

土著人首领点点头,觉得二休说得有理。艾克王子认真观察了一下麻子连长所排出的阵形。

艾克王子说:"麻子连长摆的是两个三角形阵势,每边都有9名士兵。二休,你算算他们共有多少士兵?"

二休敲着脑袋想,怎样才能算得更快一些呢?突然,二休一拍大腿说:"有啦!可以以麻子连长为轴心,把其

中一个三角形旋转一百八十度,和另一个三角形拼成一个平行四边形。"

艾克王子说:"平行四边形共有9行,每行有9名士兵,总共有 9×9 = 81 名士兵。"

二休摇摇头说:"不对。我这么一转,两个三角形的一条边就重合了。你少算了一条边上的士兵。"

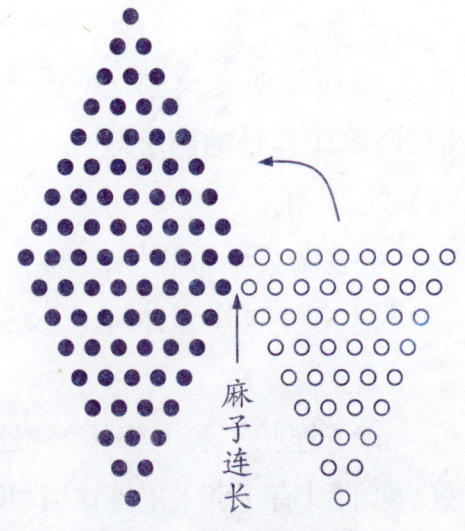

"那应该是多少士兵?"艾克王子不会算了。

二休说:"应该是 9×9 + 9 - 2 = 88 人才对。"

艾克王子又问:"怎么还要减2?"

二休说:"大麻子是连长,他不算是兵,要减去他占的两个位置。"

土著人首领高兴地说:"我明白了,麻子连长带来88名士兵。我带来了80人,可以和麻子连长决一死战!"

艾克王子叮嘱说:"万万不可去直接攻击麻子连长。因为你去攻击麻子连长,必然攻入两个三角形阵的中间,就会遭到左、右两侧的攻击,我们会顾此失彼,乱了章法。"

"依你的意思呢?"土著人首领注意听艾克王子的意见。

艾克王子说:"你可以兵分两路,攻击三角阵的两个侧翼。"

二休握紧拳头向空中一挥说:"对,咱们给他来个两面夹攻!这叫以其人之道还治其人之身。"

土著人首领一声令下,土著人以 40 名骑兵为一队,两队骑兵像两支离弦之箭,向麻子连长的两个侧翼猛力攻击。

土著骑兵个个骠悍,很快把三角形阵势冲垮了。

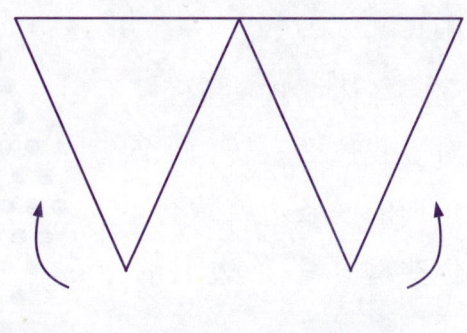

麻子连长一看大势不好,连连向空中开枪,高喊:"不好,他们没有上当!你们给我顶住,队形不能乱!"

兵败如山倒,智叟国王的士兵立刻乱了阵脚,到处乱窜,哭爹喊娘,乱作一团。土著人首领一马当先,直奔麻子连长杀去,艾克王子和二休骑马紧跟其后。麻子连长一看有人直奔他杀来,吓得掉转马头就跑。

土著人首领的马越跑越快,眼看快要追上麻子连长了。麻子连长猛回头开了一枪,土著人首领低头躲过,只听艾克王子"哎呀"一声,从马上跌落下来。

土著人首领和二休急忙勒住马,下马扶起艾克王子,忙问:"怎么样?伤着哪儿啦?"

艾克王子说:"没什么事,擦破了点皮。咱们怎样才

能把麻子连长所带的士兵全部消灭?"

二休趴在土著人首领耳朵上,小声说:"要彻底战胜麻子连长,必须这样这样……"土著人首领连连点头。

二休把艾克王子扶上了马,并大声喊叫:"艾克王子负重伤了,快撤退!"说完就一马当先往回撤。

麻子连长一看土著人撤退了,立刻来了精神,他大声命令:"土著人已经败下去了,弟兄们快给我追!"士兵在他的带领下,向二休撤退的方向追去。

二休带着艾克王子、土著人首领从一座简易独木桥上过去了。麻子连长站在桥边,指挥士兵排成单行从独木桥上通过。当一部分智叟国王的士兵过了独木桥,突然从水中钻出几个土著人,他们七手八脚把独木桥给拆了,许多在桥上行进的智叟国王的士兵,掉进水中。土著人首领杀了一个回马枪,把过了独木桥到达对岸的士兵全部抓获。

麻子连长在岸边急得直跺脚,他问一排排长:"你给我查一查,我还有多少兵?"

一排排长不敢怠慢,赶紧清点了一下士兵,跑回来报告说:"我们连的弟兄,有 $\frac{1}{4}$ 投降了,还有 $\frac{1}{11}$ 掉进了河里,剩下的有一半开了小差。"

麻子连长气得满脸通红,大声呵斥说:"你明明知道我算术不好,为什么还出题考我?你马上把人数给我算出来,不然的话,我要你的脑袋!"

"是、是。"一排排长赶紧趴在地上列了个算式:

$$余下的士兵数 = 88 \times (1 - \frac{1}{4} - \frac{1}{11}) \div 2$$
$$= 88 \times \frac{29}{44} \div 2$$
$$= 29（人）$$

一排排长马上报告说:"还剩下29名士兵!"

麻子连长摘下帽子,抹了一把汗说:"只剩下29个人啦,看来是打不过人家了,快撤!"

麻子连长刚想撤退,可是已经来不及了,土著人士兵从四面包围上来。土著人士兵手舞大刀,高喊:"快投降吧!投降不杀!"

麻子连长环顾四周,心想,坏了!被包围了!要赶紧想办法溜掉。他对29名士兵下达命令:"你们7个人向左冲,7个人向右冲,7个人向后冲,8个人跟我向前冲。谁不玩命往外冲,我枪毙了谁!"说完"砰砰"向前放了两枪。士兵们向四面冲去,麻子连长可没走。他跳下马,脱下军装,就钻进小树林里了……

战斗很快结束,在清理战场时,智叟国王的88名士兵一名不少,唯独麻子连长不见了!他会跑到哪里去呢?

活捉麻子连长

艾克王子说:"我们打了个大胜仗。我也该回自己的国家了!二休,你一定要跟我一起回去!"二休高兴地点了点头。

土著人首领要送艾克王子一程,王子一再表示感谢,请首领不要送了。艾克王子和二休挥手向土著人首领告别。

艾克王子带着二休进入了诚实王国的领土,诚实王国的百姓,夹道欢迎艾克王子。路过一座大的寺院,寺院主持年纪很大,白发苍苍,他带领众僧在寺院门口列队相迎。

艾克王子看见老主持,赶紧翻身下马,紧走几步拉住老主持的手问:"您今年多大年纪啦?"

老主持回答:"贫僧7年后年龄的7倍,减去7年前年龄的7倍,恰好是现在的年龄。"

二休在一旁笑着说:"好啊!老主持要考考王子!"

艾克王子说:"我一路上向二休学习,数学有不少长进。这次由我来回答。"

二休一竖大拇指说:"太好啦!"

艾克王子想了想说:"7年的7倍是49,哎呀!您今年98岁啦!"

老僧人双手合十说:"阿弥陀佛,艾克王子果然聪明过人,贫僧愚活了98个春秋呀!不过,不知王子用什么办法,算得如此神速?"

"我用列方程的方法。"艾克王子说,"假设您的年龄是 x 岁,可以列出一个方程式: $7(x+7)-7(x-7)=x$。"

老僧人插话道:"请王子把这个方程的含意,给贫僧指明一二。"

艾克王子解释说:"我已假设您现在的年龄为 x 岁,那么7年后的岁数就是 $(x+7)$ 岁,它的7倍就是 $7(x+7)$ 岁,同样道理,7年前年龄的7倍应该是 $7(x-7)$ 岁,它们之差恰好等于您现在年龄 x 岁。因此,可得等式:
$7(x+7)-7(x-7)=x$"

老僧人含笑点头说:"王子果然融会贯通。"

艾克王子说:"我虽然算出来了您的年龄,但是我与二休相比,可是差得远哪!"

二休赶紧说:"哪里,哪里,王子过谦了。"

艾克王子问老僧人:"刚才您看到一个陌生人,从这儿过了吗?"

"有、有。"老僧人回答,"此人面目凶恶,方脸,留有络腮胡子,酒糟鼻,一只眼,个头不高,体形微胖。最显眼的是一脸麻子。"

"一只眼?"艾克王子十分诧异地说,"从你说的长相来看,这个人就是麻子连长,可是麻子连长并不是一只眼哪!"

二休说:"也许他化了装。"

老僧人指明了陌生人所走的方向,两人骑马追了去。

两人追到一条河边,见一老翁,头戴草帽,身披蓑衣,在河边垂钓。

二休下马问渔翁:"请问,您见到一个独眼的人走过去了吗?"

老渔翁连头也不回,不耐烦地说:"往北跑啦!"

两人谢过渔翁,上马向北急追。可是,追了好一会儿,也不见麻子连长。

二休对艾克王子说:"王子,咱俩停一停。我

觉得刚才老渔翁说话的声音很像麻子连长。他是不是又在骗咱们？回去看看。"

"好！"艾克王子同意二休的看法，两人又拨转马头往回跑，跑回河边一看，草帽、蓑衣、钓鱼竿都挂在树上，钓鱼的老翁不见啦！

二休气得剑眉倒竖，说了声："他跑不远，追！"两人沿河边查找。

前面有一座茅草屋，一个老人背靠竹板墙在编筐。

艾克王子下马上前问道："老人家，您看见有个满脸麻子的人跑过去了吗？"

老人沉默了一会儿，然后慢吞吞地说："看见过。他从我这儿向前跑了一段路程，又突然往回跑。跑了一半路，他提了提鞋；又跑了三分之一的路，他抽出了刀，再跑了六分之一的路，他突然失踪了！"说完，老人又低头编他的筐。艾克王子搞不清楚老人说这段话的意思。他回头问二休说："他怎么回答我一道数学题呀？"

二休眼珠一转，小声说："你让我想一想。"他忽然对艾克王子的耳朵，嘀咕了几句。

二休对老人大声说："谢谢您啦，我们继续去追那个麻子了。"在二休说话的同时，艾克王子悄悄地拔出了剑，走到茅草屋的门前。他突然抬腿把门踢开，闪身进到屋里。

艾克王子看见麻子连长正在屋内，面对竹板墙跪在地

上,手中拿着一把匕首。匕首的尖,从竹板缝中伸出去,正抵着编筐老人的后心。麻子连长还小声威胁说:"你敢说实话,我就捅死你!"

仇人见面,分外眼红,艾克王子挺剑直刺麻子连长。麻子连长想拔匕首已经来不及了,他赶紧往边上躲。这时,二休也从外面提着口刀杀了进来。麻子连长一手拿着一把竹凳子,迎击艾克王子和二休的两面进攻。麻子连长边打边往门外退,刚刚退到门口,正想转身逃跑,一只大筐扣了下来,正好扣在麻子连长的头上。原来编筐老人举着筐,在门口等候他多时了。

艾克王子上前用剑逼着麻子连长。麻子连长在筐里大喊:"我投降!我投降!"活捉了麻子连长,大家都很高兴,艾克王子突然想起了一个问题。他问二休:"你怎么知道麻子连长没走,而是藏在屋子里呢?"

二休笑着说:"这是老人家题目出得巧。题目中说,

麻子连长向前跑了一段路,把这段路程不妨看做是1。接着他又往回跑,跑了一半路提了提鞋;跑了三分之一的路抽出了刀;再跑六分之一的路就失踪了。由于 $\frac{1}{2} + \frac{1}{3} + \frac{1}{6} = 1$,说明了麻子连长又跑了回来。"

"对!跑回来就一定藏在茅草屋里。实在是太妙了。"艾克王子觉得数学真是妙不可言。

二休突然想起了什么,他对艾克王子说:"请王子把麻子连长押走,我还要去找我的好朋友小诸葛,谢谢你路上的关照,再见!"说完向艾克王子深深鞠了一躬,然后掉过马头,向远处飞奔而去……

跟踪独眼龙

话分两头。二休被骑马的蒙面人劫持走之后,小诸葛一直放心不下,他到处打听。小诸葛在山下的小镇上散步,看见三个土匪模样的人在小声议论什么。其中一个瘦高个的男子说:"智叟国王让咱们三个人进洞取宝,这多危险啊!"

一个矮胖、右眼上罩着一个眼罩的家伙说:"危险?危险也要去啊!谁惹得起智叟国王这只老狐狸!"

另一个戴礼帽、留着一脸络腮胡子的家伙问:"独眼龙大哥,把宝贝取出来,咱们和智叟国王怎么个分法?"

"分?咱们能活着回来就不错!"独眼龙猛吸了一口烟,把烟屁股狠命向地上一扔,又用脚一碾说,"咱们真要拿到宝贝,咱们哥仨就把它分喽!一点也不给智叟国王这个老家伙!"

瘦高个说:"听说那个洞叫'神秘洞',洞里全是机关暗器,防不胜防。稍不留神就要送命!"

络腮胡子问:"这洞里也不知藏着什么值钱的宝贝?为它冒险值得吗?"

独眼龙十分神秘地小声说:"据智叟老头说,这件宝贝还和一个中国少年、一个日本少年有密切关系。"小诸葛听到这儿,心里"咯噔"一下。心想,这件宝贝还和我、二休有关系?不成,我要看个究竟。

独眼龙一招手说:"兄弟们,要想发财跟我走!"说完三个人就向小镇外走去。

小诸葛在后面远远地跟着他们。

独眼龙等向高山走去,在山里左转右转,转了好一会儿,来到一个山洞前。山洞有个大石门,石门紧紧关着。

络腮胡子问:"这石门关着,怎样进啊?"

独眼龙发现石门上有个正六边形的孔。他拔出左轮手枪说:"我用枪捅捅这个孔。"

独眼龙用枪口向孔里用力一捅,门的上面忽然掉下一块立方体的方木,正好砸在瘦高个的脑袋上。瘦高个大叫:"哎呀,妈呀!"两眼发直坐在了地上。

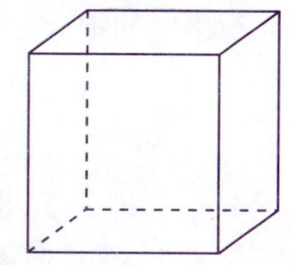

"哪儿来的木头块?"独眼龙拾起木头一看,上面写着一行字:

把这个立方体的木头块切成两块,使截面恰好是正六边形,插入孔内,大门可自行打开。

瘦高个捂着脑袋说:"把一个正方体砍一刀,砍出个正六边形?这可难啦!"

独眼龙把独眼一瞪说:"有什么可难的?办法总是人想出来的呀!"吓得瘦高个连连后退。

独眼龙在正六方体的六条棱上,找到各棱的中点M、

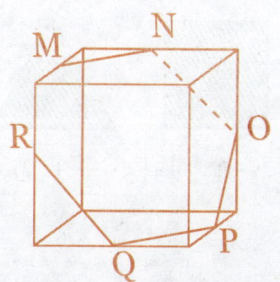
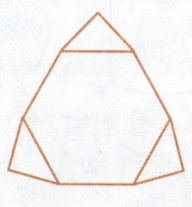

N、O、P、Q、R。他抽出腰刀,对准这六个点一刀砍下,把立方体木块砍成两块,截面果然是个正六边形。

络腮胡挑着大拇指说:"独眼龙大哥的数学果然学得好!兄弟佩服!"

独眼龙把砍好的木块递给络腮胡说:"你把它按进孔

里试试。"

络腮胡把砍好的木块按进孔里,用力往里一按,只听石门"咔嚓、咔嚓"一阵响,慢慢地打开了。

"打开喽!快进去吧!"三个土匪一起往里挤。小诸葛见他们进去了,也悄悄地跟了进去。

没走多远,前面出现一道铁门。独眼龙看见又是一道门,气不打一处来。"怎么又是一道门!"独眼龙抬脚对铁门猛踢一脚。

"吧嗒"一声,从门上掉下一个圆柱形的木块,这次正好砸在络腮胡的头上。络腮胡大叫:"妈呀,又砸脑袋啦!"

独眼龙捡起圆柱形木块看了看说:"你们看看铁门上有没有圆形的钥匙孔。"

络腮胡小心翼翼地走到铁门前,仔细看了看说:"嘿,

新鲜啦!一共有三个钥匙孔:一个圆孔、一个方孔、一个三角形孔。"

"我来研究研究。"独眼龙把手枪插进枪套,又从口袋里掏出一把小尺,开始仔细测量这三个钥匙孔。

瘦高个问:"大哥,有什么发现?"

独眼龙说:"这个圆的直径等于正方形的边长,又等于三角形的底边和高。"

络腮胡问:"难道要用这一个圆柱体,同时来开这三个钥匙孔?"

独眼龙拿起掉下来的圆柱形木块,用尺子量了又量,然后说:"这个圆柱形的底圆直径和高相等,都等于圆钥匙孔的直径。"

络腮胡问:"这有什么用?"

"有什么用?"独眼龙把独眼一瞪说,"我猜,它是要我们把这个圆柱形的木头削成一种特殊形状,使得既能插进圆孔,又能插进方孔,还能插进三角形的钥匙孔。"

瘦高个和络腮胡一起摇着头说:"这也太难啦!除非神仙会做!"

独眼龙不理他俩,自言自语地说:"为了得到宝贝,我要绞尽脑汁去想!"三个人背靠背地坐在一起,一句话不说,抱着脑袋在冥思苦想。

小诸葛一直躲在后面的黑暗处,听着他们的谈话。独眼龙等坐在地上想,小诸葛也在开动脑筋想。他拾起一块小石头在洞壁上画图,一不小心,小石头掉在了地上,发出了"啪"的一声响。

这一响惊动了独眼龙。独眼龙拔出手枪,高喊:"有人!是谁?快给我出来!"

瘦高个拿着手枪虚张声势地喊:"我看见你啦!快出

来啦,不然我就开枪啦!"

小诸葛赶紧藏进一条石缝中。由于山洞里很黑,三个土匪又没有带电筒,所以他们虽然连喊带叫地找了好几遍,也没找到半个人影。

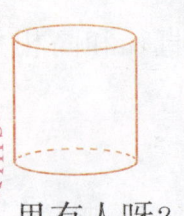 

络腮胡长出了一口气说:"哪里有人呀?"

瘦高个笑了笑说:"我们是自己吓唬自己,谁敢跟在咱们后面?也不问问他长了几个脑袋!"

"没有人更好!一切还要多加小心。"独眼龙说着又抽出腰刀,沿着顶圆的直径,斜砍了两刀,砍出一个斜劈锥的样子。

独眼龙用手托着这个斜劈锥说:"你们从上往下看,是什么形状?"

两人异口同声地说:"是圆。"

独眼龙又问:"你们再从前向后看,是什么形状?"

"正方形。"

"你们再从左往右看,又是什么形状?"

"三角形。"

"好极啦!"独眼龙哈哈大笑说,"这就叫一物三用。我来亲自开这扇铁门!"

独眼龙先用斜劈锥的圆底放入圆孔里,往里一推,里

面"咯哒"一响;他又把斜劈锥平着放进正方形孔里往里推,又听到"咯哒"一响;最后他把斜劈锥转90°再往三角形孔里推,又"咯哒"一响。随着这最后一响,铁门"哗啦"一声打开了。

"太好啦!""我们要发大财啦!"瘦高个和络腮胡拼命往铁门里跑,都想第一个拿到财宝。

突然,两个人捂着脚,嘴里喊着:"妈呀!我的脚被扎啦!""娘哟!痛死我喽!"独眼龙大吃一惊,他低头一看,乖乖!路上全是尖尖向上的钉子,这可怎么过去呀?独眼龙一扭头,看见了一件东西,高兴地大叫:"天助我也!"

悬崖遇险
XUANYAYUXIAN

独眼龙看见了什么呢?他看见旁边停放着一辆履带式装甲车。他想,开着这辆装甲车过去,就不怕钉子扎了。两个土匪把自己的脚包扎了一下,就一起奔向装甲车。

怎样才能把这辆装甲车开动起来呢?独眼龙围着装甲车转了一圈,发现装甲车左侧有一个铁牌,铁牌上写有使用说明:

用摇杆顺时针摇动猫鼠下,装甲车即可发动。

注意:猫≠鼠,且各代表一位的自然数。另外猫与鼠有如下关系:

猫×鼠×猫鼠=鼠鼠鼠。

看见铁牌上的说明,瘦高个生气了,他说:"又是数学,太伤脑筋了!管

它三七二十一,我先摇它几下再说。"说完他两手握紧摇杆,用力摇了几下。

"轰隆"一声,装甲车开动了。也不等他们三个人上车,车子自动往前走。可是装甲车像是中了邪,追着他们三个人轧,吓得三个人又从铁门跑了出去。装甲车追到铁门口就停住了。

"胡来!"独眼龙生气了,他挥舞着拳头说,"怎么能够蛮干?不按说明书操作,装甲车能听你的话?"

瘦高个挠挠脑袋说:"可是,这猫呀,鼠呀,怎么算哪?"

独眼龙坐在地上,边写边说:"鼠÷鼠等于什么?一定等于1。"

络腮胡点头说:"对,一定等于1。"

"这就好办啦!"独眼龙说,"把等式猫×鼠×猫鼠=鼠鼠鼠的两边,同除以鼠,得 $\frac{猫 \times 鼠 \times 猫鼠}{鼠} = \frac{鼠鼠鼠}{鼠}$

进而得猫×1×猫鼠 = 111。"

瘦高个在一旁说:"算了半天,到底该摇几下呀?"

"着什么急!"独眼龙狠狠瞪了瘦高个一眼,他又低头算了起来,"111只能分解成3和37的乘积,你们从这两个等式能不能看出结果来?"

猫×猫鼠 = 111

3 × 37 = 111

络腮胡一拍大腿说:"我看出来了!猫等于3,鼠等

于7。摇猫鼠下,就是摇37下。我来摇。"

独眼龙嘱咐说:"别忘了,是顺时针摇!"

"好的。"络腮胡双手握摇杆边摇边数,"1、2、3……36、37!"

"轰隆"一声,装甲车发动起来了,三个土匪上了装甲车,装甲车"轰隆隆隆",沿着钉子路向前开去,所过之处钉子全部压倒。三个土匪坐在车里别提多高兴了,又说又笑,又嚷又叫。可是,装甲车开动起来就停不住了,穿过钉子路还一个劲地往前走,走着走着前面是悬崖,装甲车还是径直往前开。三个土匪吓坏了,大喊"救命"!可是来不及了,装甲车一头栽了下去……

这一切小诸葛都看在眼里,他听了听没什么声音了,心想这几个土匪是不是都摔死了?我过去看看。小诸葛沿着装甲车开出的路向前走去。

小诸葛走到悬崖边,俯身往下一看,嗨!悬崖并不高,装甲车底儿朝天地躺在下面。三个土匪已经从车里爬了出来,虽然没有摔死,但是也都摔得够呛!

瘦高个双手捂着腰说:"哎哟!疼死我啦!这可怎么上去啊?"

络腮胡忽然看到半空吊着一副软梯,软梯距离下面有3米高,想直接够是够不到的。不过,软梯下面还垂下一

个圆盘,圆盘的一面有 16 个钥匙孔,这些钥匙孔从 1 到 16 都编上号,中间有把钥匙。

络腮胡摇摇头说:"一把钥匙,却有 16 个钥匙孔,什么意思?"

独眼龙说:"翻过来,看看后面。"

络腮胡把圆盘翻过来,后面果然有字,其内容是:

从孔 1 开始(但孔 1 不算,下同),按顺时针方向数 289 个孔,从那个孔再按逆时针方向数 578 个孔,又按顺时针方向数 281 个孔,可得一孔,用钥匙开此孔,折叠软梯即可放下。

络腮胡高兴了,他说:"软梯能够放下,咱们就可以顺着软梯爬上去了。来,我来一个一个地数。"

"笨蛋!"独眼龙瞪了络腮胡一眼说:"一个一个数,要什么时候才能数完!"

络腮胡双手一摊说:"那可怎么办呀?"

独眼龙说:"转一圈要数 16 个孔。如果要计算转几圈又剩下几个孔时,可以用 16 去除。"说着就在地上算了起来:

$289 \div 16 = 18 \cdots\cdots 1$

"这个式子表明,289 个孔,需要顺时针转 18 圈,再多数一个孔,也就是落到 2 号孔上了。可以这样继续往下算。"独眼龙又写出:

从孔 2 开始,逆时针转 578 个孔,

578 ÷ 16 = 36 …… 2

等于从孔 2 开始逆时针数二个孔,落在孔 16 上;

281 ÷ 16 = 17 …… 9

等于从孔 16 开始顺时针数九个孔,落在孔 9。

独眼龙说:"好啦!把钥匙插进 9 号孔中,拧一下!"

瘦高个把钥匙插入 9 号孔中一拧,软梯徐徐放下。三个人高兴地顺着梯子往上爬。

小诸葛一看独眼龙要爬上来了,心想,我得赶快跑,别让他们发现了!

"有个人影!"瘦高个第一个爬上来,看见了小诸葛的背影。

独眼龙大喊:"快抓住他!别让他跑啦!"

三个土匪包抄上来,小诸葛来不及躲藏,被他们抓住了。

"抓住了,是个孩子!"瘦高个抓住小诸葛来见独眼龙。

独眼龙看了小诸葛一眼说:"咱们爬上了悬崖,软梯又自动收上来了。我看,把他扔下悬崖,就是摔不死,他不懂数学,再也别想上来!"

瘦高个和络腮胡两个土匪,一个在左,一个在右,把小诸葛推下了悬崖。幸好跌落在一堆干草上,才算没有跌死。

"哎哟,跌得我好痛哟!"小诸葛揉了揉摔痛的屁股

SHUXUEZHIDOUJI

说,"等着将来我和你们算账!"

小诸葛一抬头看见了软梯下挂着的圆盘。小诸葛心想,刚才三个土匪在圆盘前嘀咕了半天,难道这个圆盘上有什么奥秘不成?小诸葛走近圆盘一看,噢!原来是这么回事!

小诸葛心想,解决这个问题容易,我用正负数加法来解。我把顺时针的数算正,把逆时针的数算负,这样一来:

顺时针数 289 → + 289

逆时针数 578 → − 578

顺时针数 281 → + 281

合在一起是:(+ 289) + (− 578) + (+ 281)

$$= 289 - 578 + 281$$
$$= -8$$

小诸葛自言自语地说:"− 8 就是从 1 号孔开始,逆时针数 8 个孔。1 个孔、2 个孔、3 个孔……8 个孔,好!正好是 9 号孔。"小诸葛把钥匙插进 9 号孔一扭,软梯很快降下来了。他顺着梯子爬上了悬崖。小诸葛要继续跟踪这三个土匪,看看他们要取得什么宝贝。

逃离巨手

小诸葛爬上了悬崖，拼命往前追赶。不久，看见三个土匪在前面走着，小诸葛紧紧跟在后面。

突然，空中响起了"嘎嘎"的响声，小诸葛抬头一看，吓了一跳。一个巨大的机器人，伸出两只大手正向下抓。一只手把独眼龙等三个土匪抓住，另一只手把小诸葛抓住。两只手同时举到半空，让他们都站在手心里。

小诸葛站在机器人的手心往下一看，离地足有十层楼高；再向另一只手一看，与独眼龙相距有20米。

独眼龙也看见了小诸葛，他恶狠狠地说："你这个小孩怎么没有摔死？你总跟着我们干什么？"

小诸葛也不甘示弱，用手指着独

眼龙说:"我要看看你们三个土匪想干什么坏事!"

独眼龙立刻火冒三丈,拔出左轮手枪就要打小诸葛,正在这危急时刻,机器人瓮声瓮气地说:"把枪放下!在我的手心里还敢杀人?我把手一握紧,你们就全成肉泥啦!"

听到机器人的警告,独眼龙乖乖地把枪收了起来。独眼龙对机器人说:"我们是奉智叟国王的命令,进神秘洞取宝来了,你为什么把我们抓起来?"

机器人说:"我是负责看守宝物的。没有智慧,不具备丰富的数学知识,想把宝物取走?休想!"

独眼龙一指自己的鼻子说:"我的数学就特别好!此宝物非我莫属!"

"好吧!你看我的右眼。"机器人右眼一亮,出现了一个由圆圈和方框组成的式子:

○×○ = □ = ○÷○

机器人说:"将0、1、2、3、4、5、6这七个数字填进圆圈和方格中,每个数字恰好出现一次,组成只有一位数和两位数的整数算式。谁能回答出填在方格里的数是几,我就把谁放了。"

瘦高个说:"独眼龙大哥,快把方格里的数给它算出来,好让机器人先放咱们去取宝。"

"别吵!算题要保持安静!"独眼龙开始解这道题。

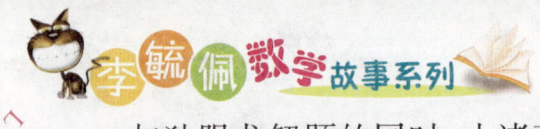

与独眼龙解题的同时,小诸葛也在解算这道题。小诸葛想,机器人让用7个数字组成5个数,必定有3个数是一位数,有2个数是两位数。什么地方可能出现两位数呢?只有方框和被除数可能是两位数。小诸葛经过简单的计算把算式填出来了,结果是:

③×④ = ⌞12⌟ = ⑥⓪÷⑤

小诸葛对机器人说:"我算出来啦!不过,答案不能叫他们听到。"

"好的。我不会叫他们听见的。"机器人把托着小诸葛的手举到耳朵边。小诸葛趴在机器人的耳朵边悄声说:"是12。"

"对极啦!你可以取宝去啦!"机器人说完就把小诸葛很小心地放在地面上。

"再见啦,好心的机器人!"小诸葛挥手与机器人告别,快步向前走去。

小诸葛这一走,可把独眼龙他们急坏了。他们害怕小诸葛抢先把宝贝弄到手,因此拼命解算这个问题。又过了一会儿,独眼龙用力一拍大腿说:"好啦!我算出来了。方框里应该填12。"

机器人说了声:"对!"也把独眼龙等三个人放到了地上。三个人的脚刚一沾地,就拼命往前跑。独眼龙气急败坏地喊:"快,快追上那个孩子,别让他把宝贝抢走了!"

数学智斗记

SHUXUEZHIDOUJI

小诸葛也怕被独眼龙追上,双腿加劲地往前走。走着走着,突然脚下一踩空,"扑通"一声跌落进陷阱里。

小诸葛坐在陷阱中仔细一看,陷阱是一个四四方方的小房子,小房子只有一扇窗户,窗户上竖着装有几根大拇指粗细的铁条。

"要想办法出去!"小诸葛仔细在小房子里找寻逃出去的方法。他发现在窗户下面有一行很小的字:

要想出房门,10根变9根。

小诸葛仔细琢磨这句话的含意:什么是10根变9根呢?小诸葛数了一下窗户上的铁条,不多不少正好10根。小诸葛想,10根变9根是不是让我拔下1根?他先用手试了一下,发现如果拔下1根,头能钻出去,

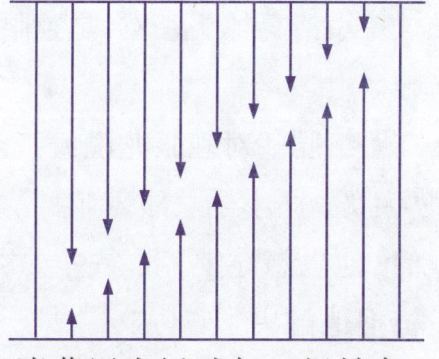

身体自然也能钻出去了。小诸葛用力摇动每一根铁条,结果是无济于事,它们都纹丝不动!

"1根也拔不下来,怎么才能10根变9根呢?"小诸

153

葛并不灰心,继续思考这个问题。他认真观察这10根铁条,发现每一根都是从中间某一处断开的。这些断开点的分布是有规律的,它们都位于由10根铁条所组成的长方形的一条对角线上。

"为什么断开点都在对角线上呢?"小诸葛继续思考这个问题。

忽然,小诸葛大叫一声:"有啦!"他双手抓住最左边的一根铁条,用力向右一推,只听"哗啦"一声,上半部分铁条向右移动了一个空当的距离,左边露出了一个空当,再一数铁条数,变成九根了。

小诸葛很高兴,他从铁窗中钻了出来,顺着台阶爬出了陷阱。小诸葛正想继续往前走,忽然觉得腰部被顶上一个硬邦邦的东西。只听背后有人喊:"不许动!"

小诸葛掉头一看,是独眼龙用左轮手枪顶住了他的后腰。

络腮胡对独眼龙说:"大哥,这小子总跟着咱们,他也想夺宝,我看一枪把他解决了算啦!"

"你懂什么?"独眼龙凶狠地说,"这小子数学相当好,咱们在夺宝的

路上,还会遇到许多艰难险阻,留着这小子有用!"

独眼龙用枪顶着小诸葛说:"这次你不用再跟着我们了,你在前面给我们带路吧!"

小诸葛领头,一行四人默默地向前走。又走了一段路,前面有四个门挡住了去路。四个门都紧紧地关着,门上写着号:1479、1049、1047、1407。

络腮胡冒冒失失随手拉开了写着1479的门,"嗖"的一声,从门里伸出一条机器大蛇的头,大蛇张着大嘴,红红的舌头吐出来1米多长,吓得络腮胡连滚带爬地跑了回来。独眼龙急忙掏出手枪,照着机器大蛇连开几枪。趁机器大蛇往回一缩头的机会,独眼龙一个箭步蹿了上去,连忙把门关上。

独眼龙抹了把头上的汗,大声斥责络腮胡说:"你找死啊!这门能随便开吗?"

瘦高个从地上拾起一个信封,信封上写着:

里面装有五张牌,你取出其中四张牌,排成一个四位数,把其中只能被3整除的挑出来,按从小到大的顺序排好,进第三个号的门是安全的。

瘦高个把五张牌倒出来,只见上面分别写着:0、1、4、7、9五个数。瘦高个对独眼龙说:"大哥,你给排一排。"

"有了这个小孩,还用得上我来排?"独眼龙转身对小诸葛说:"小孩,快把这个四位数给我排出来!"

小诸葛脖子一挺说:"凶什么?我准备用0、1、4、7四张牌排列!"

"喝,还挺横!"瘦高个拿着牌问,"你为什么不取0、1、4、9,而偏取0、1、4、7呢?"

小诸葛用眼斜了瘦高个一眼说:"连这么个小问题都弄不清楚?哎呀呀,真丢人!"小诸葛说得瘦高个的脸一阵红一阵白。

小诸葛在地上写了两个算式:

0 + 1 + 4 + 9 = 14

0 + 1 + 4 + 7 = 12

小诸葛说:"0、1、4、9的和是14,不是3的倍数,由它们组成的四位数不能被3整除;而0、1、4、7之和是12,是3的倍数,由它们组成的四位数可以被3整除。明白了吧?"瘦高个点了点头。

小诸葛在地上一连写了4个四位数:

1047、1074、1407、1470。

小诸葛说:"应该进1407号门。"

独眼龙推了小诸葛一把说:"你去开门。"小诸葛拉开1407号门,回头照着独眼龙的肚子猛踢一脚,把独眼龙踢倒在地。小诸葛趁机关上门撒腿就跑。

独眼龙趴在地上,双手捂着肚子"哎哟、哎哟"地乱叫。过了好一会儿才说,"还愣着干什么,还不赶快去追!"

巧使数字枪
QIAOSHISHUZIQIANG

小诸葛把独眼龙他们关在门外,然后撒腿就往前跑。他心想:快跑,别让土匪追上。跑着跑着,前面一条很宽的沟挡住了去路。

这条沟有多深?敢不敢跳下去呢?小诸葛心里没底。他在沟边找到一条长绳子,心想,能不能用这条绳子来测量出沟有多深呢?可是我没有带尺啊!

小诸葛又一想,没有尺也不要紧,可以先把绳子折成三段。小诸葛抓住绳子的一端,把另一端放下去。当把绳子的这一端提到和头顶一样高时,绳子的另一端刚好到底;小诸葛再把绳子折成四段,当把绳子的一端放到底时,上面剩的部分恰好和他的手臂一样长。

小诸葛心想,我身高1.6米,手臂长0.6米。利用这两次测量就可以算出沟有多深了。为了求沟深,可以先求绳子长。

把绳子折成三段时:

每一段绳长 = $\frac{1}{3}$绳长 = 沟深 + 1.6米

把绳子折成四段时:

每一段绳长 = $\frac{1}{4}$绳长 = 沟深 + 0.6米

把上面的两个式子相减:

$(\frac{1}{3} - \frac{1}{4})$绳长 = 1.6 - 0.6

绳长 = $(1.6 - 0.6) \div (\frac{1}{3} - \frac{1}{4})$

  = $1 \div \frac{1}{12}$ = 12(米)

"啊!这条绳子长12米。有了绳子就可以算出沟深了。"小诸葛写出算式:沟深 = $\frac{1}{3}$绳长 - 1.6

= $\frac{1}{3} \times 12 - 1.6$ = 2.4(米)

小诸葛高兴地说:"2.4米,不深,我可以跳下去!"说完就跳进了沟底。

过了沟,小诸葛继续往前快步行走。走了有100多米,发现前面停着两辆敞篷汽车。有了汽车真是太好啦!可是,小诸葛转念一想,这两辆汽车的车轮的大小不一样,转动速度也就不一样,我开哪辆车走呢?

原来小诸葛看见的两辆汽车的前轮上都标有直径和转速。其中一辆车轮比较大,上面写着:直径 0.6 米,每秒转一圈;另一辆车轮比较小,上面写着:直径 0.4 米,每秒转两圈。小诸葛心想,当然,哪辆车跑得快,我就开哪一辆。不过,究竟哪一辆车开得快,需要算一算:

大轮车的速度 = 3.14 × 直径 × 每秒转数
　　　　　　 = 3.14 × 0.6 × 1
　　　　　　 = 1.884(米/秒)
小轮车的速度 = 3.14 × 0.4 × 2
　　　　　　 = 2.512(米/秒)

"哈,原来小轮车跑得更快。"小诸葛跳上了小轮汽车,冲着追上来的独眼龙说:"嘿,独眼龙,你去开那辆车,咱们来个赛车怎么样?"

独眼龙"嘿嘿"直乐,他说:"傻小子,我这辆车的轮子比你的大,跑起来肯定比你的快。"说完,跳上了大轮汽车。两辆车一前一后,飞也似地跑起来。跑着跑着,独眼龙的车就跟不上啦。

小诸葛向后挥挥手说:"再见喽,独眼龙!我先去取宝啦!"

独眼龙在后面气得"嗷嗷"直叫,可是不管他怎样叫喊,汽车还是追不上,而且越拉越远。

小诸葛开着汽车跑得正高兴,一低头看见油量指示针

快指向0了。"坏了,快没油啦!"小诸葛心里有些着急。

嘿!前面有一个"加油站",真是天无绝人之路。加油站由一个机器人看管。机器人旁边放着外形不同的两桶

汽油,一桶比较细高,桶上写着:底圆半径0.2米,高0.6米;另一桶则矮胖,桶上写着:底圆半径0.3米,高0.3米。

机器人对小诸葛说:"这两桶汽油,你只能拿走一桶。"

小诸葛又动脑筋了:我要多的那一桶。这个好办,我分别计算它们的体积就成了。

细高汽油桶体积 = 3.14×半径×半径×高
　　　　　　　= 3.14×0.2×0.2×0.6

矮胖汽油桶体积 = 3.14×0.3×0.3×0.3

小诸葛心想,其实用不着把两桶体积都算出来,比一下就可以了。

$$\frac{细高汽油桶体积}{矮胖汽油桶体积} = \frac{3.14 \times 0.2 \times 0.2 \times 0.6}{3.14 \times 0.3 \times 0.3 \times 0.3} = \frac{8}{9}$$

小诸葛拎起矮胖汽油桶说:"还是这桶里的汽油多!

我要这桶。"

小诸葛灌好汽油,刚把车开走,独眼龙的车就开到了,他们也要给汽车加油。瘦高个边给汽车加油,边对独眼龙说:"大哥,咱们总追不上他,怎么办?"

"开枪!追不上就打死他!"独眼龙凶狠地掏出手枪,向小诸葛的汽车连连开枪。

小诸葛一听到枪声,赶紧把头低下,子弹"嗖嗖"从头顶上飞过。小诸葛心想,我不能这样等着挨打呀!我也要想办法弄支枪。小诸葛边往前开车边注意搜索,啊!路边真有一支枪和一个口袋,简直是想要什么就有什么,太好啦!但是,停下车把枪和口袋拾起来一看,愣了。这是一支什么枪呀!

这支枪的枪柄上写着"数字枪",还有一段使用方法说明:

这支数字枪有左、右两个装弹盒,口袋里共有 10 颗子弹,每颗子弹上都有号码。

如果左边弹盒压进的 5 颗子弹的号码乘积,等于右边弹盒压进的 5 颗子弹号码的乘积,枪就可以发射。

"真是一支奇怪的枪!"小诸葛从口袋中把 10 颗子弹倒了出来按号码大小排了排队:

21、22、34、39、44、45、65、76、133、153。

小诸葛看着这 10 个号码,心里琢磨着:把其中 5 个数相乘,等于另外 5 个数相乘,采用瞎碰的方法是不成的。

怎么办呢？对，把每一个数都分解质因数，然后再从里面挑相同的质因数。试试！

左边 = 76 × 21 × 65 × 22 × 153

= 2 × 2 × 19 × 3 × 7 × 5 × 13 × 2 × 11 × 3 × 3 × 17

= 19 × 17 × 13 × 11 × 7 × 5 × 3 × 3 × 3 × 2 × 2 × 2

右边 = 34 × 44 × 45 × 39 × 133

= 2 × 17 × 2 × 2 × 11 × 3 × 3 × 5 × 3 × 13 × 7 × 19

= 19 × 17 × 13 × 11 × 7 × 5 × 3 × 3 × 3 × 2 × 2 × 2

"哈、哈，子弹按规定装进去了，我有枪使啦！"小诸葛拿着数字枪，别提多高兴了。他拿着枪上了汽车，刚想开车，后面"乒、乒"两枪，是独眼龙追上来了！

箭射顽匪

独眼龙开着车追上来,双方一前一后展开了枪战,"乒、乒","乓、乓"好不热闹。要说打枪,小诸葛和独眼龙比起来,相差可不是一星半点。独眼龙是个赫赫有名的土匪头子,枪法准确,弹无虚发。所以这场枪战是一边倒,没打多一会儿,小诸葛的汽车被打坏了,后轮也中弹跑气,汽车不能再走了。

旁边有座山,小诸葛弃车往山上跑。独眼龙追上来,也从汽车上跳下来往山上追,边追边喊:"别让他跑了,要抓活的!"

小诸葛往山上跑,跑到了一个三岔路口。他想,沿着哪条路上山,可以更快地到达山顶呢?他发现路边有一块路牌。路牌上画着一张路线图,还写着四个算式:

$A+A+A+B+B=6.2$ 千米

$A+A+B+B+B+B=6$ 千米

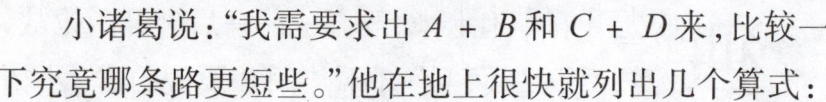

$C+D+D+D=5.4$ 千米

$C+C+C+D=6.6$ 千米

小诸葛说:"我需要求出 $A+B$ 和 $C+D$ 来,比较一下究竟哪条路更短些。"他在地上很快就列出几个算式:

$A+A+A+B+B=3A+2B=6.2$ 千米(1)

$A+A+B+B+B+B=2A+4B=6$ 千米(2)

$2×(1)-(2)$ 得 $4A=6.4$ 千米

$A=1.6$ 千米

又可求出 $B=0.7$ 千米

$A+B=2.3$ 千米

同样方法,小诸葛又求出 $C+D=3$ 千米

"啊,还是左边这条路近,我快往左边跑!"小诸葛撒腿就从左边路往山上跑。

独眼龙也追到了。络腮胡问:"前面有两条岔路,往哪边追?"

独眼龙双手同时向上一举说:"分两路包抄!"

小诸葛跑到了山顶上,他想在山顶上修一个防御工事,用来抵抗独眼龙。可是,他低头一看数字枪,糟啦!10颗子弹全打光了。怎么办?小诸葛低头看见有一堆

大小差不多的石头,估计每块约有三四十斤重。小诸葛数了数,有 55 块石头。小诸葛说:"没有子弹不要紧,我来摆个石头阵。最下面放上 10 块石头,每往上一层就少放一块石头。"

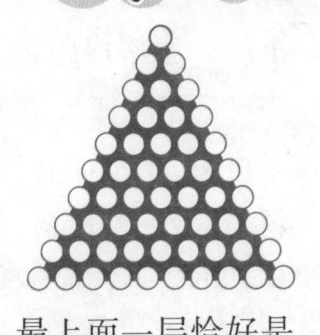

他一层一层往上放,一共放了 10 层,最上面一层恰好是一块。

小诸葛擦了一把头上的汗说:"好啦! 55 块石头全用上了。"

独眼龙等人已经追上山顶了。三个土匪趴在地上匍匐前进,慢慢向小诸葛摆的石头堆靠近。当他们离石头堆越来越近时,还不见小诸葛放枪。独眼龙眼珠一转,突然从地上站起身来,举枪高喊:"那毛孩子没有子弹啦,快上去抓活的!"

小诸葛看见三个土匪已经到了石头堆的前面,他双手用力一推石头堆,"哗啦"一声大石头从山顶上向土匪们直砸下来。

"妈呀! 头砸扁啦!"

"哎呀! 砸死我啦!"

三个土匪被石头砸得连滚带爬,向山下猛退。

小诸葛站在山顶,高举双手哈哈大笑。他大声说:"独眼龙,我在山下的楼房里等着你,快点来吧!"说完向山

下的一座楼房跑去。

这是一座废弃的工厂厂房,楼高5层。小诸葛推门走了进去,见里面有许多废弃物,他低头认真寻找合适的材料,想做一件武器。

小诸葛首先找到了一根竹棍,又找来一根粗琴弦,用这两件东西做成一张弓。有了弓没有箭还是不成啊!他找了好多根细木棍,用这些木棍可以做箭杆。箭头怎样办?他又在工作台旁找到一些工字形钢板,钢板很硬,可

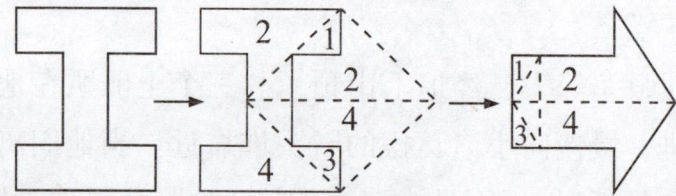

以想办法用这些工字形钢板做箭头。小诸葛按下图的方法,把钢板锯开,重新拼在一起,这样一个箭头就做成了,把箭头安装在箭杆上就成了一支箭。小诸葛一连做成了好几支箭。

小诸葛左手拿弓,右手拿箭,高兴地说:"哈哈!我又有武器啦!多漂亮的弓和箭呀!"

这时,独眼龙已经冲过来了,他大声叫喊:"那孩子藏在楼里,伙计们给我往里冲!"

"冲!冲!"络腮胡和瘦高个各拿着枪往楼门冲。

"嗖!"从楼上的一个窗户射出一支冷箭,正射中瘦高个的左腿。瘦高个"哎哟"一声,倒在地上。

独眼龙刚一愣神,"嗖!"又一支箭射了出来。这支箭直奔独眼龙的脑袋来了,吓得独眼龙赶紧把头一低,箭蹭着他的头皮飞了过去。络腮胡扭身就跑,结果屁股上也挨了一箭。

独眼龙有点奇怪,他问:"这小孩的箭怎么射得这么准呀?"

这话让小诸葛听到了,他从三楼窗户上探出头来笑嘻嘻地说:"我用弹弓打东西,百发百中,射箭也是内行。"

由于箭头还不够锋利,所以络腮胡和瘦高个所受的箭伤都不算重。瘦高个找到一个没盖的铝锅顶在头上,络腮胡拿着一块破门板作挡箭牌,又一次向楼门口冲来。他们这一招儿果然见效,小诸葛射出来的箭被铝锅或门板挡住了。

土匪们冲到大门口,由于楼门被小诸葛事先锁上,他们一时还进不来。独眼龙在门口大声叫喊:"喂,小孩,告诉你,楼门已经被我们把住,你出不来了,快投降吧!"

小诸葛心想,怎么办?他们有枪,我不能和他们硬拼。对,三十六计走为上策,我要想办法逃走。

独眼龙已经撞开了一楼和二楼的楼门,小诸葛一步一步被逼上了五楼。在五楼,小诸葛

发现了一堆绳子,他眼睛一亮,我把这条绳子放下去,然后顺着绳子滑下去。可是,他又一想,这条绳子不知够不够长? 忽然,他想出一个好主意,他拉着绳子头来到楼房的一根大圆柱子前。他把绳子一圈、一圈缠到了圆柱子上,一共缠了20圈。他又用直尺量出圆柱的直径为25厘米,列出个算式,算出了绳长:

绳长 = 圆周率×圆柱直径×圈数
　　 = 3.14 × 0.25 × 20
　　 = 15.7(米)

小诸葛抬头看了一下房子的高度,自言自语地说:"每层楼最高也就是3米,从5层楼顶到地面最多15米。看来,这根绳子足够用。"

小诸葛把绳子的一头在柱子上系好,把另一头从窗户放下去,然后抓住绳子往下滑。

"咣"的一声,五楼的楼门被独眼龙踢开了。独眼龙一挥手说:"给我搜!"络腮胡拾到一张弓说:"只有弓,没有人!"

突然,瘦高个趴在窗户上大喊:"快来看!那个小孩顺着绳子滑下去啦!"

独眼龙命令:"拿刀,把绳子砍断!"络腮胡抽出腰刀,照准绳子猛砍一刀,绳子断了。小诸葛在下面"哎呀"大叫一声。

过分数桥

GUOFENSHUQIAO

络腮胡砍断了绳子,小诸葛掉在地上。其实这时小诸葛离地已经不高了,也没摔伤。小诸葛爬起来,拍了拍屁股上的土,继续往前走。

小诸葛在前面拐弯处,看到一块指路牌,上写"藏宝宫"。小诸葛心中一喜,啊,终于找到了。指路牌前面有一座桥,桥边立个牌子,上写"分数桥"。这桥由15块板组成,桥这边的中心板上写0,中间的9块板上分别写着9个分数,而那边的中心板上写着1。

小诸葛琢磨了一会儿,弄清楚过这座分数桥的窍门,很快就过了桥。

独眼龙等三人也来到分数桥边。

小诸葛在桥那边成心气他们,对独眼龙喊道:"喂,有能耐过来抓我呀!"

络腮胡被激怒了,他抬脚就上了桥。独眼龙一把没拉住,络腮胡的双脚同时踩在了写着"$\frac{1}{9}$"的那块桥板上。只见这块桥板往下一沉,络腮胡大喊一声:"救命!"就"扑通"一声掉进河里了。河水很深,幸亏络腮胡的游泳技术还不错,紧游了几下爬上了岸,浑身上下都湿透,像个落汤鸡。

	0	
$\frac{1}{8}$	$\frac{1}{9}$	$\frac{1}{2}$
$\frac{1}{7}$	$\frac{1}{6}$	$\frac{1}{10}$
$\frac{1}{5}$	$\frac{1}{4}$	$\frac{1}{3}$
	1	

独眼龙埋怨说:"不能乱走!桥这边写0,桥那边写1。分数桥的意思是,要踩着分数之和等于1的三块板过去才行!"

络腮胡问:"踩$\frac{1}{8}$、$\frac{1}{7}$、$\frac{1}{5}$过去行吗?"

独眼龙说:"$\frac{1}{8}+\frac{1}{7}+\frac{1}{5}=\frac{131}{280}$,不等于1,不行!"

"那应该怎样走才能不掉进河里?"络腮胡和瘦高个都弄不清楚应该怎样走法。

独眼龙指着分数桥说:"要这样走!先踩$\frac{1}{2}$,再踩$\frac{1}{6}$,最后踩$\frac{1}{3}$,这样$\frac{1}{2}+\frac{1}{6}+\frac{1}{3}=1$。"说完,独眼龙带头,三个土匪依次过了分数桥。过了分数桥,前面就是"藏宝

宫",藏宝宫的大门是紧闭着的。大门的右侧有一个电钮,电钮的下面有一个奇怪的算式。当然是小诸葛最先到的。算式是这样的:

$$\begin{array}{r} 请你按动电钮 \\ \times \qquad\qquad 钮 \\ \hline 开开开开开开 \end{array}$$

"这是什么意思呢?"小诸葛研究这个式子。他想,"只有数才能做乘法,这里写的每一个字一定代表着一个数。我来试试。"

"钮"不能是1,因为 $1 \times 1 = 1$,与钮×钮=开,不一样。

"钮"也不可能是2、3、4、5、6。

哈,"钮"是7!"开"必然是9,因为 $7 \times 7 = 49$ 嘛。这样往上推,"电"是5,"动"是8,"按"是2,"你"是4,"请"是1。这样

$$\begin{array}{r} 142857 \\ \times \qquad 7 \\ \hline 999999 \end{array}$$

"既然开字代表9,我按动九下电钮试试。"小诸葛按动了九下电钮,"嗯"的一下"藏宝宫"的大门打开了。大门里还有两个小门,一个小门上写着"藏金",另一个小门上写着"藏书"。

"知识比金钱更可贵!"小诸葛径直朝写着"藏书"的小门走去。

"噔噔……"一阵脚步声,独眼龙也跑进了大门。他向后招招手说:"快,快!趁大门还没关上,赶快挤进去!"络腮胡和瘦高个连跑带蹿地进了大门。

三个土匪几乎同时看见了写着"藏金"的小门。

"啊!这门里有金子!"

"啊!宝贝在这屋里!"

"快撞开门抢金子啊!"

三个土匪不约而同,一起用力撞这个小门。"哗啦"一声,小门被撞开了。"轰"的一声,装在门上的炸弹爆炸了,三个土匪一个没剩,都炸死了。

炸弹爆炸吓了小诸葛一大跳。小诸葛说:"我要赶紧把书取出来!"

"藏书"的门上有9个洞,这9个洞排成三个式子:

○ + ○ = ○

○ − ○ = ○

○ × ○ = ○

旁边还挂着一个小口袋,里面有九个小铜板,铜板上分别写着从1到9共九个数字。门的上方有个说明:

把九个铜板投入九个洞中,使得三个式子同时成立,门会自动打开。

小诸葛先从乘法开始试验,用 1 到 9 组成乘法式子,只有两个。即

2 × 3 = 6　　　　2 × 4 = 8

小诸葛选取了 2 × 3 = 6

再试验加法:1 + 4 = 5,1 + 7 = 8,1 + 8 = 9, 4 + 5 = 9。

小诸葛选取了 4 + 5 = 9

最后得减法是 8 - 7 = 1

小诸葛说:"我找到了一种方法,也许有别的方法,就不去管它了。"他就按着 ④ + ⑤ = ⑨

⑧ - ⑦ = ①

② × ③ = ⑥

把九个铜板投入到九个小洞中去了。

小门自动打开了,小诸葛往里一看,"啊"了一声,呆呆地站在了那里。

寻找二休
XUNZHAOERXIU

写着"藏书"的小门打开了,小诸葛猛然看见智叟国王站在里面。

"啊!这是怎么回事?"小诸葛惊呆了。

"哈哈……"智叟国王狂笑了一阵说:"久违了,小诸葛,没想到我们在这儿见面了。"

"这究竟是怎么回事?"小诸葛质问智叟国王。

"怎么回事?"智叟国王得意地说,"这神秘洞探宝是我一手安排的,这里面的各种机关埋伏都是我设计的。我设置神秘洞的目的,就是考验我请来的少年,是否有随机应变的能力。好了,你考试合格了。"

小诸葛又问:"独眼龙又是怎么回事?"

"独眼龙么,是一个土匪,一个强盗。由于他爱财如命,结果把自己的小

命也搭进去了。"智叟国王把手一挥说,"他是我的死对头,罪有应得!"

小诸葛关切地问:"你把二休劫持到哪儿啦?"

"劫持?请不要误会。我是送二休回日本国,谁知他半路跑掉了。"智叟国王笑了笑说,"这次把你请到'藏宝宫'来,就是和你商量一下如何去寻找二休呀!"

"二休是你劫持走的,让我到哪儿去找?"小诸葛掉过脸去,故意不理智叟国王。

"你和二休可是患难之交呀!你可不能丢下他不管啊!"

小诸葛想了一下说:"好吧,你给我一张地图,并指明二休离开你们时的位置。"

"可以。"智叟国王取出一张地图说,"我们最早带他到了虎啸山的虎跳崖。他从那儿逃进了'有来无回'迷宫,他出了迷宫就到了山脚下的'红鼻子烧鸡店'。后来,他又遇到了诚实王国的艾克王子。"

小诸葛打断智叟国王的话问:"二休现在在哪儿?你啰啰唆唆地讲这些干什么?"

"好,好。麻子连长最后向我报告说,二休被艾克王子请到了诚实王国。"智叟国王干笑了两声说:"我与艾克王子素来不和,也不好去诚实王国。请你去诚实王国,找回二休,要回麻子连长。"

小诸葛有点不明白了,他问:"这里怎么会有麻子连长的事?"

"嘿嘿。"智叟国王干笑了两声说,"我是派麻子连长一路上保护二休。结果是,二休倒没什么事,而我的麻子连长却不见了。"

小诸葛挖苦道:"麻子连长可是国王您的心肝宝贝呀!"

智叟国王被小诸葛说得脸一阵红一阵白,他干咳了两声说:"如果你去诚实王国找二休的同时,能把麻子连长也找回来,我一定以重金酬谢。"

小诸葛追问:"说话算数?"

"算数,肯定算数!如果觉得信不过我,我可以给你立个字据。"智叟国王说完就拿出纸和笔来。

小诸葛犹豫了一下说:"好吧!虽然你和麻子连长几次暗算我,但是,还是救人要紧,不算旧账,不学你,怎么样?"

"很好,很好!你要多少钱吧?"智叟国王拿着笔准备写钱数。

小诸葛想了想说:"我也不多要钱。从明天开始,第一天你给我 1 元钱,第二天你给我 2 元钱,第三天你给我 4 元钱,总之,每后一天都是前一天钱数的两倍,计算到我把麻子连长交给你的那一天为止。咱们一手交人,一手交钱。"

数学智斗记

智叟国王觉得小诸葛要的钱实在不多，就满口答应，写了一个字据交给了小诸葛。

小诸葛又向智叟国王要了一匹快马，问明去诚实王国的走法，然后跃马扬鞭直向诚实王国奔去。

小诸葛正往前走，听到背后有人喊："小诸葛，你等一等！""是谁叫我？"小诸葛立即勒住了马，回头一看，见一位衣着华丽、长得又瘦又高的少年，骑着一头黑亮黑亮的大毛驴，向他赶来。到了近前，这个瘦高少年跳下驴来，向小诸葛深鞠一躬说："向智慧超群的小诸葛致敬！"

小诸葛对这个少年的一连串举动，感到莫名其妙，忙问："你叫什么名字？我怎么不认识你呢？"

瘦少年说："我叫智子。"

"智子？你是日本人。"

"不，我不是日本人。"瘦少年摇摇头说，"我是智叟国王的儿子，所以叫智子。"

一听说是智叟国王的儿子，立刻引起了小诸葛的警惕："怎么？这次让他儿子来对付我！我要试探一下他儿子的来意，弄清虚实。"

小诸葛问："你既然是

智叟国王的儿子,一定和你父亲一样,心眼多,善算计喽?"

智子"嘿嘿"傻笑了两声说:"这你可猜错啦!我爸爸说我从小缺个心眼,遇事总冒傻气。还说,我什么时候智力能达到小诸葛或二休的水平,他就心满意足了。"

小诸葛见到智子骑了一头大黑驴,觉得挺新鲜,问:"人家都骑马,你怎么骑驴?"

智子不好意思地低下了头说:"我爸爸说,马比驴高级。由于我的智力比较低,还没有资格骑马。等我的智力水平和你们差不多时,再骑马。"

小诸葛觉得智子并不像他父亲那样奸诈,而是天真、单纯,对智子的态度也变得友好了。

小诸葛笑着问智子:"你把我叫住,有什么事吗?"

"嘿、嘿。"智子先笑了两声,然后说,"我想跟你去诚实王国找二休,和你们在一起,我也许能学得聪明一些。再说,我有一身好武艺,七八个大小伙子不在话下,路上还可以保护你。"

小诸葛一琢磨,智子的本质是善良的,从智叟国王那儿他只能学坏,自己和他相处一段时间,告诉他应该做个好人,也算做一件好事。想到这儿,小诸葛同意和智子结伴而行。智子非常高兴,跨上大黑驴,绕着小诸葛跑了三圈。

由于有智子同行,在智人国没有遇到任何麻烦,顺利到达边界。没想到在边界检查站,两人却遇到了麻烦。

骑驴的王子
QILVDEWANGZI

小诸葛骑马,智子骑驴,两人说说笑笑地到了边界检查站。智人国的士兵看到是王子驾到,立刻行举手礼表示敬意。智子刚想跨过边界到诚实王国去,没想到两名士兵举枪成45°角,两枪交叉把智子给拦住了。

智子把眼一瞪,大吼:"你俩是吃了豹子胆啦?敢拦阻我的去路!"

士兵并不怕这位王子发火,硬是不让智子过去。智子一时性起,扬起鞭子就要抽打阻拦他的士兵。一名军官大喊一声:"慢!"他迅速从怀里拿出一张纸,高声读道:"命令:据可靠情报,王子智子要与小诸葛一同去诚实王国。由于王子年幼,智力略显不足,为了安全起见,劝阻王子不要出国。智叟国王。"

智子把脖一梗说:"如果我的智力有很大提高,而不听劝阻,怎么办?"

军官二话没说,又从怀里拿出一张纸,一本正经地读道:"命令:如果王子不承认自己智力不足,可考他下列问题。如果全部答对,可放行;如有一题答错,不能出境。假

如王子要横,可强行押解回王宫。考试的问题见另纸。智叟国王。"

"这……"智子听了第二道命令就傻眼啦!小诸葛在一旁笑着说:"真是知子莫如父啊!"

智子望着小诸葛十分可怜地说:"你看怎么办?父王考我的问题,我肯定答不出来。一旦他们发现我答得不对,会毫不客气地把我押解回王宫的。"

"要相信自己。"小诸葛鼓励智子,又小声说:"你遇到什么困难还有我哪!嗯。"

智子高兴极啦,转身对军官说:"你按照父王出的问题考我吧!如有一道题答错,情愿跟你们回王宫。"

军官咳嗽了两声,像变魔术一样,又从怀里拿出一张纸,这张纸大约有30厘米见方。他从口袋里拿出一把剪子,递给智子说:"智叟国王出的第一个问题是:用这把剪子在这张纸上剪出一个洞,然后你从剪出的洞中钻过去。"

"简直是胡闹!"智子发火了,他拿过这张纸在头上比试了一下说,"这张纸我连头都钻不过去,别说我整个的人了!"

智子回头看见小诸葛正冲他使眼色,立刻改口说:"当然,整个人钻过去困难较大,但也不是完全不可能,让我想想。"

小诸葛装着去看那张纸,凑到智子身边,趁军官不注

意,偷偷把一张纸条递给了智子。智子打开纸条一看非常高兴,他拿起剪子按回字形,先把方形纸剪成一个长条,再把纸条中心剪开(图中虚线部分),拼开成一个大洞。智子轻而易举地从洞中钻了过去。

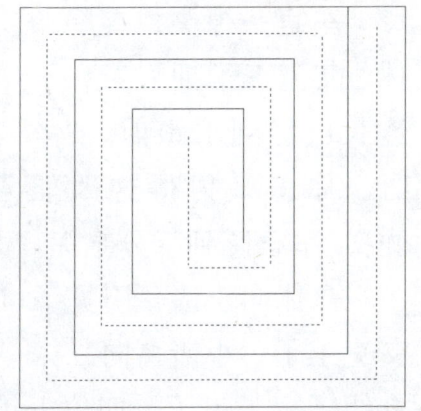

智子这一系列举动,把军官看得目瞪口呆。智子看军官发愣的样子,笑着说:"我可以跨过边界了吧?"

"不,不。"军官连忙拦住说,"还有一个问题哪!第二个问题是:给你一副扑克牌叫你算卦,要你算出二休和麻子连长正在干什么。"

"笑话!"智子摇摇头,"二休和麻子连长远在诚实王国的首都,他俩现在干什么我怎么……"智子说到这儿,往远处一看,眼睛立刻乐成一条线,他接着说,"我怎么能不知道哪!二休、艾克王子正押解着麻子连长朝边界检查站走来。"

军官说:"我已经把你说的结果和相应时间记了下来,我立刻打电话到诚实王国首都,找二休核对一下,看你说的对不对。"

"不用核对啦,王子说的一点也不错。你看,我们不是来了嘛!"二休说着已经到了边界检查站。

军官一掉头，看见二休、艾克王子押解着麻子连长已经到了跟前。"怪呀！你怎么猜得这么准呢？"军官感到十分吃惊。

二休向小诸葛引见了艾克王子，小诸葛向二休介绍了智子王子。四位少年聚在一起心里别提多高兴。智子拉住艾克王子的手，激动地说："我爸爸总对我说，艾克王子长得又丑又笨，诚实王国的政权将来不能落到艾克王子手中，一定要夺过来！今天我见到艾克王子，却是个又漂亮又机灵的小伙子，比我可强多了！"

小诸葛接着说："智叟国王说智子王子缺少心眼，我看哪，智子王子相当聪明，要说缺什么，只缺少智叟国王那种坏心眼！"

"哈哈……"四位少年齐声大笑。

"谁在说我的坏话！"大家看到边界检查站的房门一开，智叟国王从里面走了出来，原来智叟国王早就到了边界检查站。

四位少年都没有理睬智叟国王。智叟国王看见麻子连长在一旁低着头，一言不发，他高兴地说："噢，麻子连长回来了，这一路辛苦了。士兵，送麻子连长去休息。"

两名士兵刚要过来，小诸葛抢先一步说："慢！智叟国王,我们还有一笔账没算!"

"账!什么账?"智叟国王显得有点莫名其妙。

小诸葛从口袋中摸出一张纸条,递给了智叟国王说:"这张纸条,你大概不会忘了吧?"

智叟国王看见纸条才恍然大悟,他轻蔑地笑了笑说:"噢,你不说我还真的忘了。不就是找回麻子连长给你的辛苦费吗?不值一提的几元钱,我这就付给你!"

"不着急付钱。"小诸葛指着智叟国王写的纸条说,"白纸黑字写得十分清楚,第一天给我1元,第二天给我2元,以后每天给我的钱都是前一天的两倍。"

智叟国王点了点头说:"没错,就是这样写的。你算一下,我要付给你多少钱吧!"

"好的。"小诸葛不慌不忙地计算着,他说,"我少要点钱,只要最后一天应付我的钱就够了。听好,第一天是1元,第二天是2元,第三天是4元……第十天是512元。我和智子在路上走了30天,第十一天是1024元。"

智叟国王眯着眼睛说:"不多,不多,才一千多元钱。"

小诸葛接着往下算,他说:"第十二天是2048元……第二十天是524288元。"

"什么?第二十天就要付你五十多万元!"智叟国王的额头上开

始冒汗。

小诸葛又说:"第二十一天是1048576元……第二十六天是33554432元。"

"不要再往下算啦!"智叟国王掏出手绢擦着满头大汗说,"第二十六天就要付你三千多万元,你要算到第三十天,我大概要把整个智人国都送给你啦!"

"不往下算就停住。"小诸葛笑了笑说,"你把那3355万元交给艾克王子,让王子用这笔钱给诚实王国的青少年办几件好事。把4432元给我和二休分了,用作回国的路费。"

"可是,可是我没带那么多钱呀!"智叟国王想赖账。

智子走了过去,从智叟国王的内衣口袋里掏出一叠钱说:"我知道你内衣口袋总装着四千多元钱。"智叟国王脸上一阵红一阵白,十分难看。

小诸葛和二休告别了智子王子,在艾克王子的护送下登上返国的路程。

艾克王子依依不舍地说:"我真舍不得让你俩走。"

小诸葛和二休说:"我们还会见面的。"

艾克王子问:"智人国将来会怎么样呢?"

小诸葛满怀信心地说:"智子心眼好,我对智人国充满了希望!"

到了三岔路口,小诸葛和二休分手了,小诸葛回中国、二休回日本,艾克王子一直目送他俩消失在地平线上。

图书在版编目(CIP)数据

彩图版数学智斗记/李毓佩著. —武汉：湖北少年儿童出版社，2009.3
(李毓佩数学故事系列)
ISBN 978-7-5353-4410-6

Ⅰ.彩…　Ⅱ.李…　Ⅲ数学—少年读物　Ⅳ.01-49

中国版本图书馆 CIP 数据核字(2009)第 028636 号

书　　名：数学智斗记
主　　编：李毓佩
出版发行：湖北少年儿童出版社
业务电话：027-87679199　027-87679179
网　　址：http://www.hbcp.com.cn
电子邮件：hbcp@vip.sina.com
承　印　厂：武汉福海桑田印务有限责任公司
经　　销：新华书店湖北发行所
印　　数：67 001-71 000
印　　张：6
印　　次：2009 年 3 月第 1 版　2013 年 11 月第 12 次印刷
规　　格：880×1230mm　1/32
书　　号：ISBN 978-7-5353-4410-6
定　　价：14.80 元

本书如果有印装质量问题　可向承印厂调换